Fritz Kammermeyer
Roland Zerpies

Mathematik

Algebra

POCKET TEACHER

Download: PowerPoint-Referat

1. Rufe die Internetseite auf:
   www.cornelsen.de/pocket-teacher
2. Gib den Webcode ein: **PT227730**

Cornelsen
SCRIPTOR

Die Autoren:
Fritz Kammermeyer und Roland Zerpies unterrichten Mathematik an einem Gymnasium. R. Zerpies ist außerdem schulpsychologischer Berater.

Für die neue Ausgabe wurde dieser Band vollständig aktualisiert und erweitert.

www.cornelsen.de

Bibliografische Information: Die Deutsche Bibliothek verzeichnet diese Publikation in der Deutschen Nationalbibliografie; detaillierte bibliografische Daten sind im Internet über http://dnb.ddb.de abrufbar.

Dieses Werk berücksichtigt die Regeln der deutschen Rechtschreibung, die seit August 2006 gelten.

5. 4. 3. 2. 1. Die letzten Ziffern bezeichnen
13 12 11 10 09 Zahl und Jahr der Auflage.

Projektleitung: Anja Sokoll, Berlin
Redaktion: E. E. Conrad, Frankfurt am Main
Redaktionelle Neubearbeitung: Markus Holm, Berlin
Reihengestaltung: Magdalene Krumbeck, Wuppertal
Satz und Layout: Carola Fuchs und Torsten Lemme, Berlin
Herstellung: Uwe Pahnke, Berlin
Sachzeichnungen: Stefan Giertzsch und R. J. Fischer, Berlin
Umschlagentwurf: Patricia Müller und R. J. Fischer, Berlin
Druck und Bindearbeiten: CPI – Clausen & Bosse, Leck
Printed in Germany
ISBN 978-3-589-22773-0

Gedruckt auf säurefreiem Papier,
umweltschonend hergestellt aus chlorfrei gebleichten Faserstoffen.

Inhalt

Vorwort

Liebe Schülerin, lieber Schüler!
Der handliche POCKET TEACHER bringt dir viele Vorteile:
Er informiert knapp und genau. Regeln, Erklärungen, Beispiele, Tabellen – alles ist übersichtlich geordnet und leicht verständlich.
Du kannst die gewünschten Infos am schnellsten über das Stichwortverzeichnis am Ende eines jeden Bandes finden. Stichwort vergessen? Dann schaust du am besten ins Inhaltsverzeichnis und suchst im entsprechenden Kapitel nach dem Wort.
Der POCKET TEACHER Mathematik Algebra stellt die wichtigsten Gesetze und Regeln dar, die zum Stoff der Sekundarstufe gehören. In Rechenbeispielen werden die Handhabung von Formeln und die Anwendung der Rechengesetze erläutert.
Natürlich wird stets auf Besonderheiten hingewiesen, damit ihr allen Fallstricken der Algebra ausweichen könnt.
Teste dein Wissen! Am Ende jedes Kapitels werden die wichtigsten Inhalte in einer Checkliste abgefragt. So kannst du dein Wissen schnell testen. Entdeckst du noch Lücken, dann gibt es hier Hinweise, welche Seiten du noch einmal genau lesen solltest.
Über Gleichungen und Ungleichungen erhaltet ihr zusätzliche Informationen im POCKET TEACHER Mathematik Gleichungen und Funktionen.

BEACHTE Die POCKET-TEACHER-Reihe kann ausführliche Schulbücher mit Übungen und Beispielen nicht ersetzen. Das soll sie auch nicht. Sie ist eure Merkhilfe-Bibliothek für alle Gelegenheiten, besonders für Hausaufgaben oder für die Vorbereitung auf Klassenarbeiten und Abschlussprüfungen.

Grundbegriffe der Mengenlehre

1.1 Darstellen von Zahlenmengen

Beliebig ausgewählte Zahlen kann man zu ***Zahlenmengen*** zusammenfassen. Man bezeichnet sie mit großen Buchstaben.

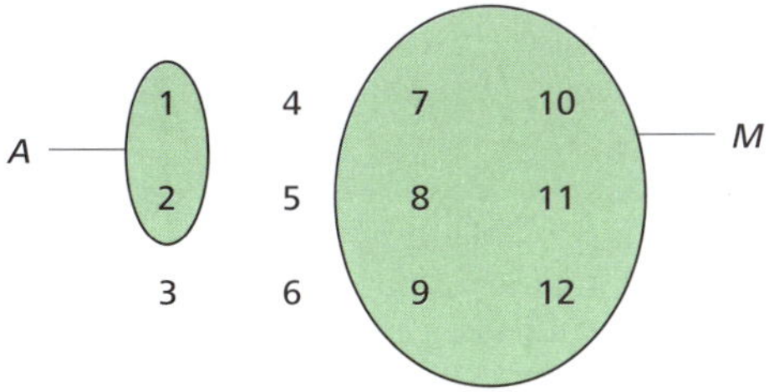

Mengenbild

Diese Mengen werden in aufzählender Form so geschrieben:
$A = \{1; 2\}$, $M = \{7; 8; 9; 10; 11; 12\}$.
Die Zahlen, die zur Menge M gehören, heißen ***Elemente*** der Menge M. Man schreibt:
$8 \in M$ (sprich: „8 ist Element von M"),
$4 \notin M$ (sprich: „4 ist kein Element von M").

BEISPIELE $1 \in A$; $1 \notin M$; $3 \notin A$; $3 \notin M$; $10 \notin A$; $10 \in M$

In beschreibender Form werden die Mengen so dargestellt:
$M = \{x \in \mathbb{N} \mid 7 \leq x \leq 12\}$, $A = \{x \in \mathbb{N} \mid x \leq 2\}$.
(Sprich: „M ist die Menge aller natürlichen Zahlen x, für die gilt: 7 kleiner gleich x kleiner gleich 12" bzw. „A ist die Menge aller natürlichen Zahlen x, für die gilt: x kleiner gleich 2".)

1.2 Bezeichnungen

Die Anzahl der Elemente der Menge M heißt ***Mächtigkeit*** der Menge M. Man schreibt: $|M|$ (sprich: „Mächtigkeit von M“).

BEISPIELE

- $M = \{7; 8; 9; 10; 11; 12\}$, $|M| = 6$
- $A = \{1; 2\}$, $|A| = 2$
- $|\{1; 2; 3; 4\}| = 4$

Diese Mengen heißen ***endliche Mengen,*** da sie endlich viele Elemente besitzen. Mengen, die unendlich viele Elemente besitzen, heißen ***unendliche Mengen***. Wir geben in solchen Fällen mindestens die ersten fünf Elemente an und kennzeichnen durch drei Punkte am Ende in der Mengenklammer, dass die Menge unendlich ist.

BEISPIELE

- Die Menge der natürlichen Zahlen: $\mathbb{N} = \{1; 2; 3; 4; 5; \ldots\}$
- Die Menge der ungeraden Zahlen: $U = \{1; 3; 5; 7; 9; 11; \ldots\}$
- Die Menge der geraden Zahlen: $G = \{2; 4; 6; 8; 10; 12; \ldots\}$

Die Menge, die kein Element enthält, heißt ***leere Menge***.
Man schreibt dafür $\{\,\}$ oder $\varnothing$. Hier gilt: $|\{\,\}| = 0$.

1.3 Teilmenge

Eine Menge B heißt ***Teilmenge*** einer Menge A, wenn alle Elemente der Menge B auch zur Menge A gehören. Man schreibt:
$B \subset A$ (sprich: „B ist Teilmenge von A“),
$D \not\subset C$ (sprich: „D ist keine Teilmenge von C“).

BEISPIELE

- $A = \{1; 2; 3; 4; 5; 6\}$
  $B = \{2; 4; 6\}$
  $B \subset A$

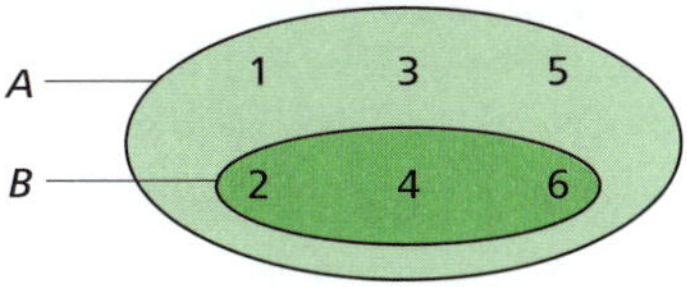

- $C = \{1; 2; 3; 4; 5\}$
  $D = \{0; 1; 2\}$
  $D \not\subset C$

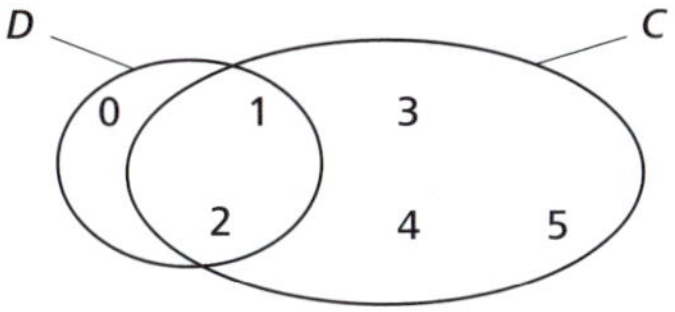

BEACHTE Die Zeichen $\subset$ und $\not\subset$ stehen zwischen Mengen, die Zeichen $\in$ und $\notin$ zwischen Elementen und Mengen.

1.4 Schnittmenge, Vereinigungsmenge, Restmenge

$A = \{1; 2; 3; 4; 6; 12\}$, $B = \{1; 2; 4; 8; 16\}$
Gemeinsames ***Mengenbild:***

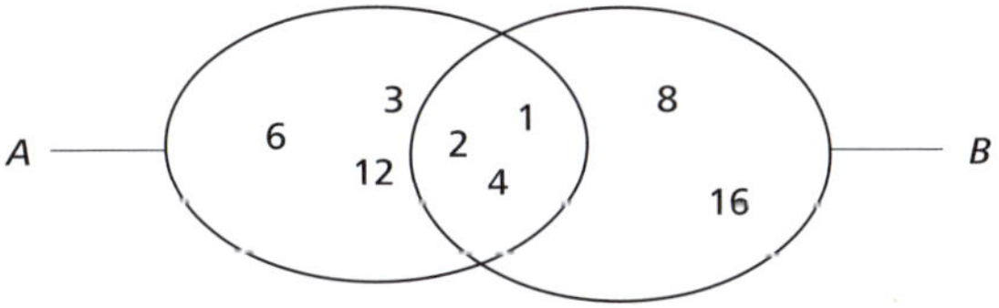

$A \cap B = \{1; 2; 4\}$, $A \cup B = \{1; 2; 3; 4; 6; 8; 12; 16\}$
$A \setminus B = \{3; 6; 12\}$, $B \setminus A = \{8; 16\}$

Die ***Schnittmenge*** $A \cap B$ (sprich: „*A* geschnitten *B*") enthält alle Elemente, die zugleich zur Menge *A* und zur Menge *B* gehören.

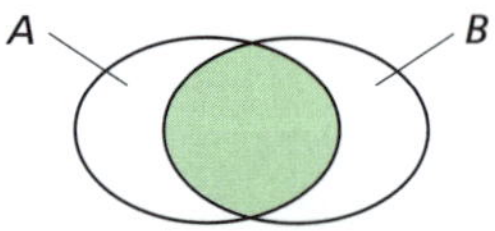

Die ***Vereinigungsmenge*** $A \cup B$ (sprich: „*A* vereinigt *B*") enthält alle Elemente, die zur Menge *A* oder zur Menge *B* gehören.

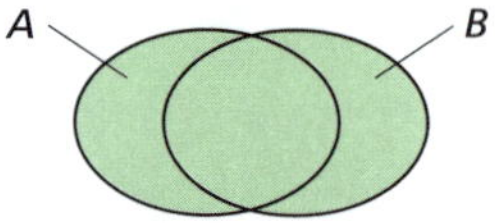

Die ***Restmenge*** $A \backslash B$ (sprich: „*A* ohne *B*") enthält alle Elemente, die zur Menge *A*, aber nicht zur Menge *B* gehören.

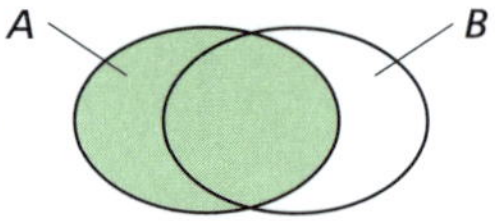

Teste dein Wissen!

Kapitel „Grundbegriffe der Mengenlehre“	O.K. ✓	Das muss ich noch mal lesen
Ich kann Zahlenmengen in aufzählender und in beschreibender Form angeben.		S. 9
Ich kann die Zeichen „$\in$“ und „$\notin$“ erklären und sicher anwenden.		S. 9
Ich kann den Begriff *Mächtigkeit* erklären.		S. 10
Ich kann entscheiden, ob eine Menge Teilmenge einer anderen Menge ist.		S. 10, 11
Ich kann zu zwei Mengen die Schnitt- und die Vereinigungsmenge bestimmen.		S. 11, 12
Ich kann zu zwei Mengen die Restmengen bestimmen.		S. 11, 12
Ich kann die Zeichen „$\subset$“„$\cap$“„$\cup$“ und „$\setminus$“ erklären und sicher anwenden.		S. 11, 12

2 Zahlen und Zahlenbereiche

2.1 Die natürlichen Zahlen

Die Zahlen, die man zum Zählen und Nummerieren verwendet, heißen ***natürliche Zahlen.*** Die Menge {1; 2; 3; 4; 5; …} heißt ***Menge der natürlichen Zahlen*** ℕ.

Stellenwert und Stufenzahlen

In unserem Zahlensystem werden die natürlichen Zahlen aus den zehn ***Ziffern*** 0, 1, 2, 3, 4, 5, 6, 7, 8, 9 unter Verwendung der ***Stellenwertschreibweise*** gebildet. Jede Ziffer einer Zahl hat neben ihrem ***Eigenwert*** einen ganz bestimmten ***Stellenwert.*** Er wird durch die Stelle festgelegt, an der die Ziffer steht. Der Wert der Ziffer ergibt sich aus Eigenwert mal Stellenwert.

8 4 1 8 (achttausendvierhundertachtzehn)

→ Die Ziffer 8 hat den Wert 8 · 1 = 8.
→ Die Ziffer 1 hat den Wert 1 · 10 = 10.
→ Die Ziffer 4 hat den Wert 4 · 100 = 400.
→ Die Ziffer 8 hat den Wert 8 · 1 000 = 8 000.

Die Zahlen 1, 10, 100, 1 000 usw. heißen ***Stufenzahlen.*** Man erhält jede Stufenzahl aus der vorhergehenden durch Malnehmen mit der ***Grundzahl*** 10. Deshalb heißt unser Zahlensystem auch ***Zehnersystem*** oder ***Dezimalsystem.***

Jede natürliche Zahl lässt sich eindeutig als Summe von Vielfachen der Stufenzahlen schreiben, wenn nur die Ziffern als Faktoren neben den Stufenzahlen auftreten.

$8\,418 = 8 \cdot 1\,000 + 4 \cdot 100 + 1 \cdot 10 + 8 \cdot 1$

Die Stufenzahlen und ihre Bezeichnungen

1	Eins
10	Zehn
100	Hundert
1 000	Tausend
10 000	Zehntausend
100 000	Hunderttausend
1 000 000	Million
10 000 000	Zehn Millionen
100 000 000	Hundert Millionen
1 000 000 000	Milliarde
10 000 000 000	Zehn Milliarden
100 000 000 000	Hundert Milliarden
1 000 000 000 000	Billion

Alle Stufenzahlen können auch als ***Zehnerpotenzen*** (↗ Potenzen, ↗ S. 55) geschrieben werden:

$$
\begin{array}{rclcl}
1 & = & 10^0 & = & 1 \\
10 & = & 10^1 & = & 10 \\
100 & = & 10^2 & = & 10 \cdot 10 \\
1\,000 & = & 10^3 & = & 10 \cdot 10 \cdot 10 \\
10\,000 & = & 10^4 & = & 10 \cdot 10 \cdot 10 \cdot 10 \\
100\,000 & = & 10^5 & = & 10 \cdot 10 \cdot 10 \cdot 10 \cdot 10 \\
1\,000\,000 & = & 10^6 & = & 10 \cdot 10 \cdot 10 \cdot 10 \cdot 10 \cdot 10 \\
\vdots & & \vdots & & \vdots
\end{array}
$$

So kann man größere Stufenzahlen leichter schreiben:

1 Million	1 000 000	$= 10^6$
1 Milliarde	1 000 000 000	$= 10^9$
1 Billion	1 000 000 000 000	$= 10^{12}$

Die kleine hochgestellte Zahl (↗ Hochzahl, S. 55) gibt an, wie viele Nullen die Stufenzahl jeweils hat.

Die Stellentafel

Große Zahlen kann man leichter lesen, wenn man sie in eine *Stellentafel* einträgt oder die Ziffern in Dreiergruppen schreibt.

Billionen			Milliarden			Millionen			Tausender			H	Z	E
15.	14.	13.	12.	11.	10.	9.	8.	7.	6.	5.	4.	3.	2.	1.
3	7	1	8	9	2	0	5	0	6	4	0	3	8	7
		7	0	7	0	7	0	7	0	7	0	7	0	7
	2	0	0	0	0	0	0	2	2	0	0	0	0	0

(H, Z und E stehen für Hunderter, Zehner und Einer.)

In Dreiergruppen: 371 892 050 640 387
7 070 707 070 707
20 000 002 200 000

Die drei Zahlen heißen:

- dreihunderteinundsiebzig Billionen achthundertzweiund neunzig Milliarden fünfzig Millionen sechshundertvierzigtausenddreihundertsiebenundachtzig
- sieben Billionen siebzig Milliarden siebenhundertsieben Millionen siebzigtausendsiebenhundertsieben
- zwanzig Billionen zwei Millionen zweihunderttausend.

HINWEIS zur Rechtschreibung der Zahlwörter:
Zahlwörter bis 999 999 werden klein- und zusammengeschrieben. Die Zahlwörter Million, Milliarde, Billion usw. schreibt man groß.

Der Zahlenstrahl

Jede natürliche Zahl n besitzt einen ***Nachfolger,*** die um 1 größere Zahl $n + 1$. Es gibt also keine größte natürliche Zahl. Jede natürliche Zahl n außer der Zahl 1 besitzt einen ***Vorgänger,*** die um 1 kleinere Zahl $n - 1$. Also ist 1 die kleinste natürliche Zahl.

BEACHTE Manchmal wird auch die Null zu den natürlichen Zahlen gezählt!

BEISPIEL Die Zahl 5 hat den Nachfolger 6 und den Vorgänger 4.

Trägt man auf einem Strahl vom Anfangspunkt 0 aus fortlaufend eine Einheitsstrecke ab und ordnet den so erhaltenen Punkten auf dem Strahl der Reihe nach die Zahlen 1, 2, 3 usw. zu, so erhält man den ***Zahlenstrahl.***

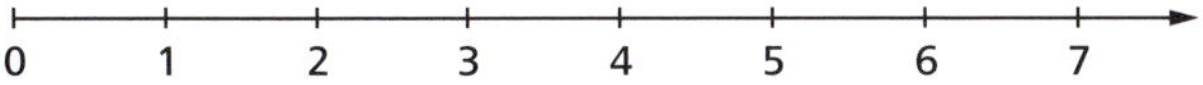

Die Länge der Einheitsstrecke heißt ***Längeneinheit*** (LE) des Zahlenstrahls. Sie kann beliebig gewählt werden. Meist ist die Längeneinheit 1 cm (1 LE = 1 cm).
Die ***Anordnung der natürlichen Zahlen*** lässt sich am Zahlenstrahl ablesen: Von zwei Zahlen auf dem Zahlenstrahl ist die größere weiter rechts und die kleinere weiter links. 6 steht rechts von 4, 1 steht links von 4. Man sagt: „6 ist größer als 4" und „1 ist kleiner als 4" und schreibt: $6 > 4$ und $1 < 4$.

Oft ist auch nur ein Ausschnitt des Zahlenstrahls dargestellt.

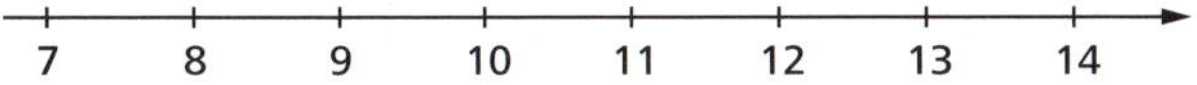

2.2 Die (positiven) Bruchzahlen

Fachbegriffe

Ein ***Bruch*** besteht aus ***Zähler,*** Bruchstrich und ***Nenner.***

Der Nenner n gibt an, in wie viele gleich große Teile ein Ganzes zerlegt wird. Der Zähler z gibt an, wie viele dieser Teile zusammengefasst werden ($z \in \mathbb{N}$, $n \in \mathbb{N}$).

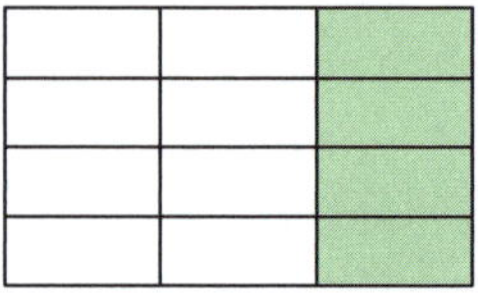

$\frac{4}{12}$

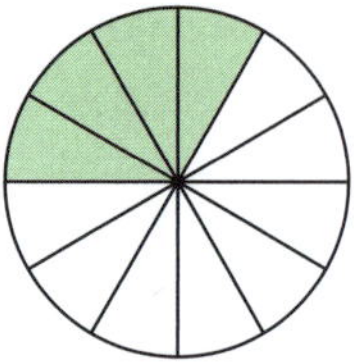

Ist der Zähler eines Bruches kleiner als der Nenner, so heißt der Bruch ***echter Bruch.*** Ist der Zähler eines Bruches größer als der Nenner, so heißt der Bruch ***unechter Bruch.*** Ein unechter Bruch lässt sich auch als ***gemischte Zahl*** aus Ganzen und einem echten Bruch schreiben (↗ Umwandeln, S. 48). Ein Bruch mit dem Zähler 1 heißt ***Stammbruch.***

BEISPIELE

- Echte Brüche: $\frac{5}{7}$; $\frac{1}{5}$; $\frac{7}{9}$; $\frac{36}{72}$
- Unechte Brüche: $\frac{7}{5}$; $\frac{9}{2}$; $\frac{8}{3}$; $\frac{16}{12}$
- Gemischte Zahlen: $7\frac{2}{75}$; $1\frac{1}{2}$; $2\frac{2}{3}$; $4\frac{4}{12}$
- Stammbrüche: $\frac{1}{3}$; $\frac{1}{5}$; $\frac{1}{9}$; $\frac{1}{35}$

Kürzen und Erweitern

$\frac{z}{n} = \frac{z:a}{n:a}$ Einen Bruch ***kürzen*** heißt, Zähler und Nenner des Bruches durch dieselbe natürliche Zahl dividieren.

Ein Bruch heißt ***vollständig gekürzt,*** wenn er sich nicht weiter kürzen lässt.

$\frac{z}{n} = \frac{z \cdot a}{n \cdot a}$ Einen Bruch ***erweitern*** heißt, Zähler und Nenner des Bruches mit derselben natürlichen Zahl multiplizieren.

Das kleinste gemeinsame Vielfache (kgV, ↗ S. 41) der Nenner von Brüchen heißt ***Hauptnenner*** der Brüche.

BEISPIELE

- Kürzen mit 6: $\frac{18}{48} = \frac{18:6}{48:6} = \frac{3}{8}$
- Vollständiges Kürzen: $\frac{21}{48} = \frac{21:3}{84:3} = \frac{7}{28} = \frac{7:7}{28:7} = \frac{1}{4}$
- Erweitern mit 4: $\frac{17}{25} = \frac{17 \cdot 4}{25 \cdot 4} = \frac{68}{100}$
- Erweitern auf den Haupnenner: $\frac{3}{5} + \frac{4}{7} = \frac{21}{35} + \frac{20}{35}$
  $\frac{13}{16} + \frac{19}{24} = \frac{39}{48} + \frac{38}{48}$

Brüche am Zahlenstrahl

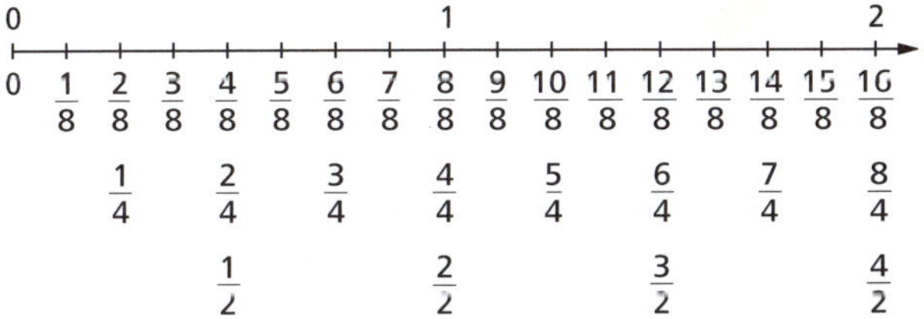

Alle Brüche, die zum selben Punkt des Zahlenstrahls gehören, haben trotz verschiedener Schreibweise denselben Wert. Dieser Wert heißt ***Bruchzahl.*** Die ***Menge der positiven Bruchzahlen*** bezeichnet man mit $\mathbb{Q}^+$.

BEISPIELE $\frac{1}{2} = \frac{2}{4} = \frac{4}{8}$; $\frac{16}{8} = \frac{8}{4} = \frac{4}{2} = \frac{2}{1} = 2$; $\frac{9}{3} = \frac{3}{1} = 3$.

Auch alle natürlichen Zahlen lassen sich als Brüche schreiben. Sie heißen ***Scheinbrüche.*** Es gilt also: $\mathbb{N} \subset \mathbb{Q}^+$.

Größenvergleich von Brüchen

Brüche mit gleichem Nenner heißen ***gleichnamige Brüche.*** Von zwei gleichnamigen Brüchen ist derjenige kleiner, der den kleineren Zähler hat. Von zwei Brüchen mit gleichem Zähler ist derjenige kleiner, der den größeren Nenner hat.

BEISPIELE $\frac{3}{7} < \frac{5}{7}$; $\frac{4}{9} < \frac{4}{7}$

Brüche mit verschiedenen Zählern und Nennern werden zum Größenvergleich auf den Hauptnenner erweitert.

BEISPIEL $\frac{3}{5} = \frac{21}{35}$ und $\frac{4}{7} = \frac{20}{35}$ $\Rightarrow$ $\frac{3}{5} > \frac{4}{7}$, weil $\frac{21}{35} > \frac{20}{35}$

2.3 Die ganzen Zahlen

Die ***Gegenzahl*** x zu einer Zahl a ist diejenige Zahl, für die gilt: $a + x = 0$. Sie wird mit $-a$ bezeichnet (sprich: „minus a").

BEISPIELE

Zahl a	1	3	−2	0	−5	17
Gegenzahl $-a$	−1	−3	2	0	5	−17

Die natürlichen Zahlen heißen auch ***positive ganze Zahlen,*** ihre Gegenzahlen heißen ***negative ganze Zahlen*** und tragen das ***Vorzeichen*** „–". Zusammen mit der Null bilden sie die ***Menge der ganzen Zahlen*** $\mathbb{Z}$.

$\mathbb{Z} = \{\ldots; -5; -4; -3; -2; -1; 0; 1; 2; 3; 4; 5; \ldots\}$

Es gilt: $\mathbb{N} \subset \mathbb{Z}$.

BEISPIELE

- Positive ganze Zahlen: 1; 2; 5; 17; 3 245; 10 000 000
- Negative ganze Zahlen: –1; –3; –7; –37; –100; –35 000 000

BEACHTE Die Null ist weder positiv noch negativ.

Verlängert man den Zahlenstrahl über den Nullpunkt hinaus nach links und trägt die Einheitsstrecke ab, so erhält man die ***Zahlengerade.*** Die Punkte auf der Zahlengeraden links von 0 entsprechen den negativen Zahlen.

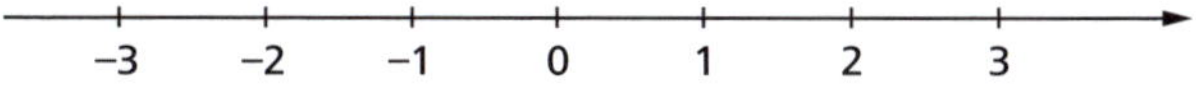

Von zwei ganzen Zahlen ist die größere weiter rechts auf dem Zahlenstrahl dargestellt, die kleinere weiter links.

BEISPIELE $-3 < -2$; $-1 < 2$; $-2 < 1$; $-3 < 0$; $0 < 3$

Der Betrag einer Zahl

Der ***Betrag einer Zahl*** ist der positive „Wert" dieser Zahl oder genauer: Der Betrag einer Zahl ist die Zahl selbst, falls sie nicht negativ ist, und die ihr entgegengesetzte Zahl, falls sie negativ ist. Man schreibt: $|a|$ (sprich: „Betrag von a").

$|a| = a$, falls $a > 0$,
$|a| = 0$, falls $a = 0$,
$|a| = -a$, falls $a < 0$.

BEISPIELE $|6| = 6$; $|-3| = -(-3) = 3$; $|0| = 0$; $|3| = 3$;

Auf der Zahlengeraden ist der Abstand des Punktes einer Zahl vom Nullpunkt gleich dem Betrag dieser Zahl. Eine Zahl und ihre Gegenzahl haben also gleichen Betrag.

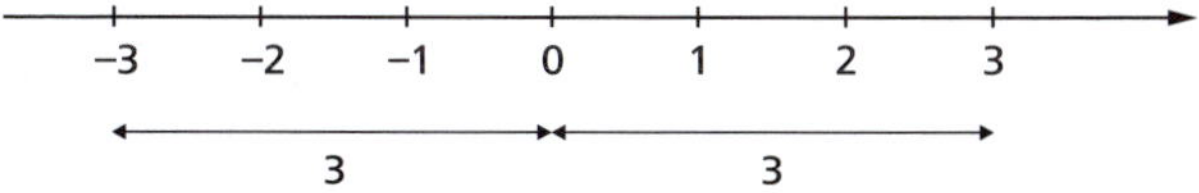

Von zwei negativen Zahlen hat die kleinere Zahl den größeren Betrag.

BEISPIEL $-7 < -3$, aber: $|-7| > |-3|$.

2.4 Die rationalen Zahlen

Die positiven Bruchzahlen $\mathbb{Q}^+$ und ihre Gegenzahlen bilden zusammen mit der Null die ***Menge der rationalen Zahlen*** $\mathbb{Q}$.

Es gilt also: $\mathbb{N} \subset \mathbb{Q}$, $\mathbb{Z} \subset \mathbb{Q}$, $\mathbb{Q}^+ \subset \mathbb{Q}$.

Endliche Dezimalzahlen

So erhält man die ***erweiterte Stellentafel:*** Rechts von der Eins werden die Stammbrüche hinzugenommen, die Stufenzahlen im Nenner besitzen. Sie lassen sich leicht als ***Dezimalzahlen (Dezimalbrüche)*** schreiben:

	· 10	· 10	: 10	: 10	: 10	: 10
H	**Z**	**E**	**z**	**h**	**t**	**zt**
100	10	1	$\frac{1}{10}$	$\frac{1}{100}$	$\frac{1}{1000}$	$\frac{1}{10\,000}$
10^2	10^1	10^0	10^{-1}	10^{-2}	10^{-3}	10^{-4}
		0,	0	3	5	7
1	1	2,	3	7		
	4	6,	2	0	9	

(H, Z, E stehen für Hunderter, Zehner, Einer;
z, h, t, zt stehen für Zehntel, Hundertstel, Tausendstel, Zehntausendstel.)

In der erweiterten Stellentafel sind drei Bruchzahlen als Dezimalzahlen dargestellt:

$$\frac{357}{10\,000} = 0{,}0357; \quad \frac{11\,237}{100} = 112{,}37; \quad \frac{46\,209}{1\,000} = 46{,}209$$

Die Stellen hinter dem Komma (Zehntel, Hundertstel, Tausendstel usw.) heißen ***Dezimalen.*** Vor dem Komma muss mindestens eine Stelle angegeben sein. Treten nur endlich viele Dezimalen auf, so spricht man von einer ***endlichen Dezimalzahl.*** Jeder Bruch, der sich durch Kürzen oder Erweitern in einen Bruch mit einer Stufenzahl im Nenner umformen lässt, kann als endliche Dezimalzahl geschrieben werden.

BEISPIELE

$\frac{21}{30} = \frac{7}{10} = 0{,}7; \quad \frac{7}{200} = \frac{35}{1\,000} = 0{,}035$

$\frac{30\,867}{25\,000} = \frac{123\,468}{100\,000} = 1{,}23468; \quad \frac{238}{140\,000} = \frac{17}{10\,000} = 0{,}0017$

Da jeder Bruch $\frac{z}{n}$ gleichwertig mit dem Quotienten $z : n$ ist, lässt sich jede rationale Zahl auch als Dezimalzahl darstellen:

$$\frac{z}{n} = z : n.$$

BEISPIELE

$\frac{1}{4} = 1 : 4 = 0{,}25; \quad \frac{-7}{5} = -7 : 5 = -1{,}4; \quad \frac{975}{13} = 975 : 13 = 75$

Periodische Dezimalzahlen

Dividiert man den Zähler eines Bruches durch den Nenner und geht die Division nicht auf, so erhält man eine ***unendliche Dezimalzahl.*** Bei den Dezimalen entsteht dabei eine Ziffernfolge, die sich unendlich oft wiederholt. Sie heißt ***Periode*** und wird durch einen Strich über dieser Ziffernfolge gekennzeichnet. Die Dezimalzahl heißt dann ***periodisch.***

BEISPIELE

- $\frac{2}{3} = 2 : 3 = 0{,}66666666\ldots = 0{,}\overline{6}$
- $-\frac{17}{11} = -17 : 11 = -1{,}54545454\ldots = -1{,}\overline{54}$
- $\frac{447}{220} = 447 : 220 = 2{,}03181818\ldots = 2{,}03\overline{18}$
- $-\frac{7}{90} = -7 : 90 = -0{,}07777777\ldots = -0{,}0\overline{7}$

Man unterscheidet noch ***reinperiodische Dezimalzahlen,*** bei denen die Periode unmittelbar hinter dem Dezimalkomma beginnt, von ***gemischt-periodischen Dezimalzahlen.***

BEISPIELE

- Reinperiodische Dezimalzahlen:
  $0{,}\overline{6}$; $-1{,}\overline{54}$; $-0{,}\overline{4}$; $0{,}\overline{23}$
- Gemischt-periodische Dezimalzahlen:
  $-3{,}2\overline{7}$; $2{,}03\overline{18}$; $-0{,}0\overline{7}$; $0{,}00\overline{23}$.

Umwandeln von Dezimalzahlen

Endliche Dezimalzahlen lassen sich direkt in einen Bruch umwandeln: Der Nenner ist eine Stufenzahl mit genauso vielen Nullen wie Dezimalen vorhanden sind. Der Zähler des Bruches ist durch die Dezimalzahl ohne Komma (gegebenenfalls ohne führende Nullen) gegeben.

BEISPIELE

$$0{,}65 = \frac{65}{100} = \frac{13}{20}; \quad 0{,}0385 = \frac{385}{10\,000} = \frac{77}{2\,000}$$

$$12{,}375 = \frac{12\,375}{1\,000} = \frac{2\,475}{200} = \frac{495}{40} = \frac{99}{8} = 12\frac{3}{8}$$

Reinperiodische Dezimalzahlen mit einer Null vor dem Komma lassen sich auch direkt in einen Bruch umwandeln. Der Nenner des Bruches ist eine Zahl, die nur die Ziffer 9 enthält. Die Anzahl der Neunerziffern ist durch die Anzahl der Ziffern in der Periode ***(Länge der Periode)*** gegeben. Der Zähler ist durch die Ziffern der Periode (ohne führende Nullen) festgelegt.

BEISPIELE $0{,}\overline{4} = \frac{4}{9}$; $0{,}\overline{06} = \frac{6}{99} = \frac{2}{33}$; $0{,}\overline{153} = \frac{153}{999} = \frac{17}{111}$

Die Umwandlung *gemischt-periodischer* Dezimalzahlen wird auf die reinperiodischer zurückgeführt.

BEISPIEL $0{,}00\overline{23} = 0{,}\overline{23} : 100 = \frac{23}{99} : 100 = \frac{23}{9\,900}$

2.5 Die reellen Zahlen

Neben den endlichen und unendlichen periodischen Dezimalzahlen, die die Menge $\mathbb{Q}$ (↗ S. 22) bilden, gibt es noch die unendlichen nichtperiodischen Dezimalzahlen. Sie bilden die ***Menge der irrationalen Zahlen***.

BEISPIELE ***irrationaler Zahlen:***
- $\sqrt{2}$ = 1,414 213 562 …
- π = 3,141 592 653 589 793 238 462 643 383 279 502 …
- 0,101 001 000 100 001 000 001 000 000 …

Die ***Menge der reellen Zahlen*** $\mathbb{R}$ besteht aus allen endlichen und unendlichen Dezimalzahlen.

Intervalle

Intervalle sind zusammenhängende Teilmengen von $\mathbb{R}$. Für zwei beliebige reelle Zahlen a und b mit $a < b$ definiert man:

Das ***offene Intervall*** $]a; b[= \{x \in \mathbb{R} \mid a < x < b\}$ ist die Menge aller reeller Zahlen, die größer als a und kleiner als b sind.

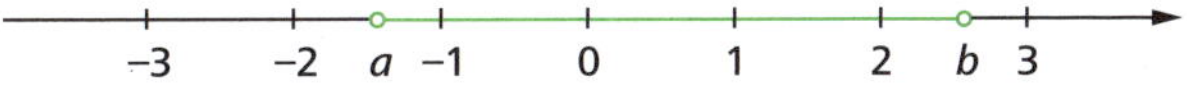

Das ***abgeschlossene Intervall*** $[a; b] = \{x \in \mathbb{R} \mid a \leq x \leq b\}$ ist die Menge aller reeller Zahlen, die größer oder gleich a und kleiner oder gleich b sind.

Außerdem gibt es ***halboffene Intervalle:***
Linksoffenes Intervall $]a; b] = \{x \in \mathbb{R} \mid a < x \leq b\}$
Rechtsoffenes Intervall $[a; b[= \{x \in \mathbb{R} \mid a \leq x < b\}$

Intervallschachtelung

Eine reelle Zahl wird durch rationale Zahlen festgelegt:

$$
\begin{array}{rcl}
1 \le \sqrt{2} \le 2 & ; & \sqrt{2} \in [1;2] \\
1{,}4 \le \sqrt{2} \le 1{,}5 & ; & \sqrt{2} \in [1{,}4;1{,}5] \\
1{,}41 \le \sqrt{2} \le 1{,}42 & ; & \sqrt{2} \in [1{,}41;1{,}42] \\
1{,}414 \le \sqrt{2} \le 1{,}415 & ; & \sqrt{2} \in [1{,}414;1{,}415] \\
1{,}4142 \le \sqrt{2} \le 1{,}4143 & ; & \sqrt{2} \in [1{,}4142;1{,}4143] \\
\vdots \quad \vdots \quad \vdots & & \vdots \qquad \vdots
\end{array}
$$

Hier wird die reelle Zahl $\sqrt{2}$ durch die Intervalle $[1;2]$, $[1{,}4;\ 1{,}5]$, $[1{,}41;\ 1{,}42]$, $[1{,}414;\ 1{,}415]$ … „eingeschachtelt“. Dabei gilt:

- Alle Intervalle enthalten $\sqrt{2}$.
- Jedes nachfolgende Intervall ist im vorhergehenden enthalten.
- Die Längen der Intervalle werden beliebig klein.

Diese Intervalle bilden eine Intervallschachtelung für $\sqrt{2}$.

> Eine Folge $I_1, I_2, I_3, \ldots$ von unendlich vielen abgeschlossenen Intervallen heißt ***Intervallschachtelung,*** wenn jedes nachfolgende Intervall in dem vorherigen enthalten ist und die Längen der Intervalle beliebig klein werden.

Teste dein Wissen!

Kapitel „Zahlen und Zahlenbereiche“	O. K. ✓	Das muss ich noch mal lesen
Ich kann große Stufenzahlen als Zehnerpotenzen schreiben.		S. 15
Ich kann große Zahlen lesen und als Zahlwörter schreiben.		S. 15, 16
Ich kann zu einer natürlichen Zahl den Nachfolger und den Vorgänger angeben.		S. 16, 17
Ich kann Brüche z. B. an Rechtecken und Kreisen veranschaulichen.		S. 17, 18
Ich kann Brüche erweitern und kürzen.		S. 18, 19
Ich kann Brüche und Dezimalzahlen an der Zahlengeraden darstellen.		S. 19, 21, 25
Ich kann Brüche und Dezimalzahlen der Größe nach ordnen.		S. 20
Ich kann den Betrag einer Zahl angeben.		S. 21
Ich kann Dezimalzahlen in gewöhnliche Brüche umrechnen und Brüche in Dezimalzahlen.		S. 22–24

3 Rechnen, Regeln, Rechengesetze

3.1 Rechnen mit natürlichen Zahlen

Die Grundrechenarten sind Addition, Subtraktion, Multiplikation und Division. Davon abgeleitet werden das Potenzieren, das Radizieren (Wurzelziehen) und das Logarithmieren.

Die Addition

Einen Rechenausdruck mit Pluszeichen wie 3 + 5 bezeichnet man als ***Summe.*** Die einzelnen Zahlen, die addiert (zusammengezählt) werden, heißen ***Summanden.*** Sie werden der Reihe nach abgezählt. Das Ergebnis einer solchen Rechnung heißt ***Wert der Summe.***

3	+	5	=	8
1. Summand		2. Summand		Wert der Summe
Summe (1. Summand + 2. Summand)				

Rechenaufträge

Summen lassen sich als Rechenaufträge so formulieren:

Addiere die Zahlen 3 und 5.
Berechne den Wert der Summe der Zahlen 3 und 5.
Addiere *zu* 3 die Zahl 5.
Addiere 5 *zur* Zahl 3.

MERKHILFE Bei den letzten beiden Rechenaufträgen erkennt man die richtige Reihenfolge der Summanden so: Nach „*zu*" oder „*zur*" steht immer der 1. Summand.

Schriftliches Addieren

124 255	Zahlen können beim Addieren wie bei einem
466	Kassenzettel untereinander geschrieben werden.
+ 98 633	Dabei müssen die Ziffern der gleichen Stelle
223 354	immer genau untereinander stehen.

In der Mathematik werden die Zahlen meistens nebeneinander aufgeschrieben, und es wird auch nebeneinander gerechnet, zum Beispiel so: $928 + 9738 + 17 = 10683$.
Damit man beim Rechnen mit nebeneinander stehenden Zahlen immer die richtigen Stellen verwendet, kennzeichnet man bereits verwendete Ziffern z. B. mit einem Punkt. Überträge schreibt man unter die entsprechende Stelle.

3

BEISPIEL $928 + 9738 + 17 = 10683$

. . . 1 . . . 2 .

Die Rechengesetze der Addition

Wenn nichts anderes angegeben ist, wird beim Rechnen immer schrittweise von links nach rechts gerechnet:
$17 + 9 + 33 + 101 = 26 + 33 + 101 = 59 + 101 = 160$.
Manchmal ist es jedoch günstiger, die Summanden umzustellen. Rechengesetze geben an, was bei der Addition alles erlaubt ist, damit einfacher gerechnet werden kann.

> ***Vertauschungsgesetz*** oder ***Kommutativgesetz der Addition:***
> Beim Addieren können die Summanden vertauscht werden, ohne dass sich der Wert der Summe ändert.
> Kurzform: $a + b = b + a$.

(Kommutativgesetz von lat.: commutare, vertauschen)

BEISPIEL

$$17 + 9 + 33 + 101 = 17 + 33 + 9 + 101$$
$$= 50 + 9 + 101 = 59 + 101 = 160$$

Mit Klammern wird angegeben, welche Rechenschritte zuerst zu berechnen sind.

BEISPIEL

78 + (87 + 13) bedeutet also: 78 + (87 + 13) = 78 + 100 = 178.
So rechnet man: Addiere zuerst 87 und 13. Addiere anschließend den Wert dieser Summe zur Zahl 78.

> ***Verbindungsgesetz*** oder ***Assoziativgesetz der Addition:***
>
> In einer Summe können die Summanden in beliebiger Weise durch Klammern verbunden werden.
>
> Kurzform: $(a + b) + c = a + (b + c)$.

(Assoziativgesetz von lat.: associare, vereinigen, verbinden)

> **Die Zusammenfassung beider Gesetze:**
>
> In einer Summe darf man die Summanden in beliebiger Reihenfolge addieren. Dabei kann man Klammern beliebig setzen und weglassen.

In einer Summe kann man also zueinander passende Summanden durch eine entsprechende Anordnung zuerst addieren.

BEISPIEL

(85 + 139) + (25 + 21) = 85 + 139 + 25 + 21
= (85 + 25) + (139 + 21) = 110 + 160 = 270

Und so überlegt man: 85 plus 25 sowie 139 plus 21 lässt sich leichter rechnen. Deshalb werden die Klammern weggelassen. Um die passenden Summanden direkt zu addieren, wird vertauscht *(Kommutativgesetz)* und neu zusammengefasst *(Assoziativgesetz)*.

Die Subtraktion

Einen Rechenausdruck mit Minuszeichen wie 9 – 7 bezeichnet man als eine ***Differenz.*** Vor dem Minuszeichen steht der ***Minuend,*** dahinter der ***Subtrahend.*** Das Ergebnis einer solchen Rechnung heißt ***Wert der Differenz.***

$$\underbrace{\underset{\text{Minuend}}{9} - \underset{\text{Subtrahend}}{7}}_{\text{Differenz}} = \underset{\text{Wert der Differenz}}{2}$$

MERKHILFE *Minuend* steht in der alphabetischen Reihenfolge vor *Subtrahend,* genauso steht der Minuend vor dem Subtrahenden.

BEACHTE

- Die Subtraktion ist in der Menge der natürlichen Zahlen nur dann ausführbar, wenn der Minuend größer als der Subtrahend ist.
- Bei der Subtraktion ist das Vertauschen von Minuend und Subtrahend nicht zulässig!

Rechenaufträge

Als Rechenauftrag kann man die Aufgabe 9 - 2 so formulieren:

Subtrahiere von 9 die Zahl 7.
Subtrahiere 7 von der Zahl 9.
Berechne den Wert der Differenz der Zahlen 9 und 7.

MERKHILE Bei den ersten Rechenaufträgen erkennt man die richtige Reihenfolge der Zahlen so: Nach *„von"* steht immer der Minuend.

Schriftliches Subtrahieren

$$\begin{array}{r} {}^{6}\not{7}\,{}^{3}\not{4}\,28 \\ -\ 5\,685 \\ \hline 1\,743 \end{array}$$

Auch bei der Subtraktion werden die Zahlen oft untereinander notiert. Beim Rechnen wird dann schrittweise subtrahiert, wenn nötig wird bei der nächsten Stelle geborgt (Borgeverfahren; es gibt auch andere Verfahren der schriftlichen Subtraktion).

Nebeneinander rechnet man so: ${}^{6}\not{7}\,{}^{3}\not{4}\,28 - 5\,685 = 1\,743$.

Die Multiplikation

Einen Rechenausdruck mit Malzeichen wie 12 · 11 bezeichnet man als ***Produkt.*** Die einzelnen Zahlen, die miteinander multipliziert (malgenommen) werden, heißen ***Faktoren.*** Sie werden der Reihenfolge nach abgezählt. Das Ergebnis einer solchen Rechnung heißt ***Wert des Produkts.***

12	·	11	=	132
1. Faktor		2. Faktor		Wert des Produkts
Produkt (1. Faktor · 2. Faktor)				

Formulierung als Rechenaufträge:

Berechne den Wert des Produkts der Zahlen 12 und 11.
Multipliziere 12 *mit* der Zahl 11.

MERKHILE Man erkennt die richtige Reihenfolge der Faktoren so: Nach „*mit*“ steht immer der 2. Faktor.

Besonderheiten bei der Multiplikation

- Mit der Multiplikation kann man Additionsaufgaben mit gleichen Summanden kürzer schreiben und schneller berechnen.

  BEISPIEL $\underbrace{25 + 25 + 25 + 25 + 25}_{\text{5 gleiche Summanden}} = 25 \cdot 5 = 125$

  Mit Platzhaltern: $\underbrace{a + a + a \ldots + a}_{n \text{ gleiche Summanden}} = a \cdot n$

- Bei der Multiplikation mit der Zahl Null ist der Wert des Produkts immer null.

  BEISPIELE

  $6 \cdot 0 = 0$; $0 \cdot 16\,483 = 0$; $0 \cdot 34 \cdot 784 = 0$

  Mit Platzhalter: $a \cdot 0 = 0$ und $0 \cdot a = 0$

- Bei der Multiplikation mit der Zahl Eins ändert sich nichts.

  BEISPIELE

  $65 \cdot 1 = 65$; $1 \cdot 392 = 392$; $6 \cdot 9 \cdot 1 = 6 \cdot 9 = 54$

  Mit Platzhalter: $a \cdot 1 = a$ und $1 \cdot a = a$

- Bei der Multiplikation mit einer Stufenzahl (↗ S. 14) werden an den anderen Faktor so viele Nullen angehängt, wie die Stufenzahl selbst hat.

  BEISPIELE

  $157 \cdot \mathbf{10} = 1\,57\mathbf{0}$; $\mathbf{1\,000} \cdot 160 = 160\,\mathbf{000}$

- Potenzen

  Ein Produkt aus lauter gleichen Faktoren heißt ***Potenz*** (↗ S. 55).

  BEISPIELE

  $2 \cdot 2 \cdot 2 \cdot 2 \cdot 2 = 2^5$ („2 hoch 5“), $2^5 = 32$

  $3 \cdot 3 \cdot 3 \cdot 3 = 3^4$ („3 hoch 4“), $3^4 = 81$

  $4 \cdot 4 \cdot 4 = 4^3$ („4 hoch 3“), $4^3 = 64$

  $10 \cdot 10 \cdot 10 = 10^3$ („10 hoch 3“), $10^3 = 1\,000$

Schriftliches Multiplizieren

834 · 673 500 400 58 380 2 502 561 282	Zuerst 834 mit 6 Hunderten multiplizieren. Das Teilergebnis wird von rechts beginnend unter die 6 angeschrieben. Am Ende werden noch die zwei Nullen der Hunderter angehängt. Nun wird 834 mit 7 Zehnern multipliziert. Das Ergebnis von rechts beginnend unter die 7 anschreiben und am Ende noch die Null der Zehner anhängen. Jetzt noch mit 3 multiplizieren und zum Schluss alle Teilergebnisse addieren.
834 · 673 5004 5838 2502 561282	Oder kürzer: Man kann die Nullen am Ende der Teilergebnisse auch weglassen. So hat man weniger anzuschreiben.

Mit einer ***Überschlagsrechnung*** kann man überprüfen, ob das Ergebnis einer Rechnung die richtige Größenordnung hat. Dabei wird so gerundet, dass man noch im Kopf rechnen kann. Je weniger ungenau man rundet, desto näher ist das Ergebnis der Überschlagsrechnung am richtigen Ergebnis.

BEISPIELE

Rechnung:	*Überschlagsrechnung:*
■ 834 · 673 = 561 282	800 · 700 = 560 000
■ 4 602 · 7 020 = 32 306 040	5 000 · 7 000 = 35 000 000
■ 4 602 · 7 020 = 32 306 040	4 600 · 7 000 = 32 200 000

Die Rechengesetze der Multiplikation

Vertauschungsgesetz oder ***Kommutativgesetz der Multiplikation***:

Beim Multiplizieren können die Faktoren vertauscht werden, ohne dass sich der Wert des Produkts ändert.

Kurzform: $a \cdot b = b \cdot a$.

BEISPIELE $15 \cdot 20 = 300$ und $20 \cdot 15 = 300$;
$125 \cdot 17 \cdot 8 = 125 \cdot 8 \cdot 17 = 1\,000 \cdot 17 = 17\,000$

Verbindungsgesetz oder ***Assoziativgesetz der Multiplikation***:

In einem Produkt können die Faktoren in beliebiger Weise durch Klammern verbunden werden.

Kurzform: $(a \cdot b) \cdot c = a \cdot (b \cdot c)$.

BEISPIEL $(13 \cdot 25) \cdot 4 = 13 \cdot (25 \cdot 4) = 13 \cdot 100 = 1\,300$

Die Zusammenfassung beider Gesetze:

In einem Produkt dürfen die Faktoren in beliebiger Reihenfolge multipliziert werden. Dabei können Klammern beliebig gesetzt und weggelassen werden.

BEISPIELE

- $150 \cdot 51 \cdot 20 = (150 \cdot 20) \cdot 51 = 3\,000 \cdot 51 = 153\,000$
  Und so überlegt man: 150 und 20 passen zusammen. Damit diese beiden Faktoren direkt multipliziert werden können, werden 51 und 20 vertauscht (Kommutativgesetz) und $150 \cdot 20$ durch Klammern zusammengefasst (Assoziativgesetz).
- $(250 \cdot 177) \cdot 8 = 250 \cdot 177 \cdot 8 = (250 \cdot 8) \cdot 177$
  $= 2\,000 \cdot 177 = 354\,000$
  $250 \cdot 8$ lässt sich leicht rechnen: Klammern weglassen, 177 und 8 vertauschen, dann $250 \cdot 8$ zusammenfassen.

Die Division

Einen Rechenausdruck mit Doppelpunkt wie 36 : 12 bezeichnet man als einen ***Quotienten.*** Vor dem Doppelpunkt steht der ***Dividend,*** dahinter der ***Divisor.*** Das Ergebnis einer solchen Rechnung heißt ***Wert des Quotienten.***

36	:	12	=	3
Dividend		Divisor		Wert des Quotienten
Quotient (36 : 12)				

MERKHILE *Dividend* steht in der alphabetischen Ordnung *vor Divisor,* genauso steht der Dividend vor dem Divisor.

Formulierung der Aufgabe „36 : 12“ als Rechenauftrag:

Dividiere 36 durch die Zahl 12.
Berechne den Wert des Quotienten der Zahlen 36 und 12.

Besonderheiten bei der Division

- Es ist $24 : 6 = 4$, weil $4 \cdot 6 = 24$ ist.
  Genauso ist $0 : 6 = 0$, weil $0 \cdot 6 = 0$ ist.
  Beachte Null dividiert durch irgendeine Zahl ergibt immer null.
- Dagegen kann man für Aufgaben wie 6 : 0 kein Ergebnis finden, weil es keine Zahl gibt, die mit 0 multipliziert 6 ergibt. Auch 0 : 0 bedeutet keine Zahl.
  Fehlerquelle Durch null kann man nicht dividieren!
- Bei der Division dürfen Dividend und Divisor nicht vertauscht werden. Die Veränderung der Klammersetzung ist ebenfalls nicht erlaubt.

  BEISPIELE
  - Es ist $16 : 8 = 2$, aber $8 : 16 = 0{,}5$.
  - Es ist $(120 : 60) : 2 = 2 : 2 = 1$, aber $120 : (60 : 2) = 120 : 30 = 4$.

Schriftliches Dividieren

155043 : 321 = 483 −1284 2664 −2568 963 −963 0	Man bildet beim Dividieren von links beginnend die kleinste Zahl, die 321 enthält: 1 550. In 1 550 ist 321 4–mal enthalten, schreibe 4 an. 4 · 321 = 1 284. 1 550 – 1 284 = 266. Die 4 wird heruntergeholt. In 2 664 ist 321 8-mal enthalten, schreibe 8 an. 8 · 321 = 2 568. 2 664 – 2 568 = 96. Die 3 wird heruntergeholt. In 963 ist 321 3-mal enthalten, schreibe 3 an. 3 · 321 = 963. 963 – 963 = 0.

3

Die Division geht aber nicht immer auf:

697 : 16 = 43 Rest 9 −64 57 −48 9	Man bildet beim Dividenden von links beginnend die keinste Zahl, die 16 enthält: 69. In 69 ist 164-mal enthalten, schreibe 4 an. 4 · 16 = 64. 69 – 64 = 5. 7 herunterholen. In 57 ist 163-mal enthalten, schreibe 3 an. 3 · 16 = 48. 57 – 48 = 9. Bei der Division bleibt ein Rest von 9.

Andere Schreibweisen bei der Division mit Rest sind:

$697 : 16 = 43 \text{ Rest } 9 = 43 + 9 : 16 = 43 + \frac{9}{16}$.

Die Division geht nur dann ohne Rest auf, wenn der Dividend ein Vielfaches des Divisors ist.

TIPP Eine Überschlagsrechnung hilft, um herauszufinden, wie oft der Divisor im jeweiligen Dividenden enthalten ist.

Die Verbindung der Grundrechenarten

Treten in einer Rechnung verschiedene Rechenzeichen auf, so gelten *Vorrangregeln* für die Reihenfolge der Berechnung:

1. Was in Klammern steht, wird zuerst ausgerechnet. Treten mehrere Klammern auf, wird mit der innersten Klammer begonnen.
2. Potenzen werden vor Punktrechnungen (·, :) berechnet.
3. Punktrechnung (·, :) geht vor Strichrechnung (+, –) (kurz: „Punkt vor Strich").

BEISPIELE

- $5 \cdot (2 + 18) = 5 \cdot 20 = 100$
- $5 + 6 \cdot 3^2 = 5 + 6 \cdot 9 = 5 + 54 = 59$

Wie rechnet man $57 \cdot 8$ am einfachsten im Kopf? Natürlich so: $57 \cdot 8 = (50 + 7) \cdot 8 = 50 \cdot 8 + 7 \cdot 8 = 400 + 56 = 456$.

Verteilungsgesetz oder ***Distributivgesetz***:

Soll eine Summe mit einer Zahl multipliziert werden, so kann auch jeder Summand einzeln mit der Zahl multipliziert werden.
Kurzform: $(a + b) \cdot c = a \cdot c + b \cdot c$.
Entsprechend gilt bei einer Differenz: $(a - b) \cdot c = a \cdot c - b \cdot c$.

Das Distributivgesetz gilt auch beim Dividieren:
$(a + b) : c = a : c + b : c$; $(a - b) : c = a : c - b : c$

(Distributivgesetz von lat.: distribuere, verteilen, austeilen)

BEISPIELE

- $(100 - 3) \cdot 7 = 100 \cdot 7 - 3 \cdot 7 = 700 - 21 = 679$
- $(90 + 6) : 3 = 90 : 3 + 6 : 3 = 30 + 2 = 32$

Das Distributivgesetz wird auch verwendet, wenn in einer Summe bzw. in einer Differenz gleiche Faktoren oder gleiche Divisoren auftreten. Man spricht dann von ***Ausklammern*** (↗ S. 72).

BEISPIELE

- $47 \cdot 17 + 53 \cdot 17 = (47 + 53) \cdot 17 = 100 \cdot 17 = 1\,700$
- $144 : 6 + 156 : 6 = (144 + 156) : 6 = 300 : 6 = 50$

3.2 Teilbarkeit

Teiler und Vielfache

Eine natürliche Zahl a heißt ***Teiler*** einer natürlichen Zahl b, wenn die Division $b : a$ aufgeht, d. h., wenn es eine natürliche Zahl c gibt mit $a \cdot c = b$.
Man schreibt:
$a|b$ (sprich: „a ist Teiler von b" oder „a teilt b"),
$a\nmid b$ (sprich: „a ist kein Teiler von b" oder „a teilt b nicht").

BEISPIELE $2|8$; $5|25$; $7\nmid 10$; $3|21$; $12\nmid 100$

Für alle natürlichen Zahlen n gilt: $n|n$, $n|0$, $1|n$.

Wenn a Teiler von b ist, heißt b ***Vielfaches*** von a und man sagt: „b ist durch a ***teilbar***".

Die Vielfachen von 2 heißen ***gerade Zahlen,*** die anderen natürlichen Zahlen heißen ***ungerade Zahlen.***

Natürliche Zahlen, die größer als 1 sind und nur durch 1 und sich selbst teilbar sind, heißen ***Primzahlen.***

BEISPIELE

2; 3; 5; 7; 11; 13; 17; 19; 23; 29; 31; 37 …

Die Zahl 2 ist die einzige gerade Primzahl. Es gibt unendlich viele Primzahlen.

Die eindeutige Darstellung einer natürlichen Zahl n als Produkt, dessen sämtliche Faktoren Primzahlen sind, heißt ***Primfaktorzerlegung*** von n.

BEISPIELE

- $24 = 2 \cdot 2 \cdot 2 \cdot 3 = 2^3 \cdot 3$
- $252 = 2 \cdot 2 \cdot 3 \cdot 3 \cdot 7 = 2^2 \cdot 3^2 \cdot 7$
- $540 = 2 \cdot 2 \cdot 3 \cdot 3 \cdot 3 \cdot 5 = 2^2 \cdot 3^3 \cdot 5$

Teilbarkeitsregeln

Eine natürliche Zahl ist durch 2 teilbar, wenn ihre letzte Ziffer 0, 2, 4, 6, oder 8 ist.

Eine natürliche Zahl ist durch 3 teilbar, wenn ihre Quersumme (die Summe aller Ziffern der Zahl) durch 3 teilbar ist.

Eine natürliche Zahl ist durch 4 teilbar, wenn ihre letzten beiden Ziffern eine durch 4 teilbare Zahl bilden oder wenn sie auf 00 endet.

Eine natürliche Zahl ist durch 5 teilbar, wenn ihre letzte Ziffer 0 oder 5 ist.

Eine natürliche Zahl ist durch 9 teilbar, wenn ihre Quersumme durch 9 teilbar ist.

BEISPIELE

- 516 ist durch 2 teilbar, da die letzte Ziffer 6 ist.
- 516 ist durch 3 teilbar, da die Quersumme $5 + 1 + 6 = 12$ durch 3 teilbar ist.
- 516 ist durch 4 teilbar, da die Zahl 16 aus den beiden letzten Ziffern durch 4 teilbar ist.
- 516 ist nicht durch 5 teilbar, da die letzte Ziffer weder 0 noch 5 ist.
- 516 ist nicht durch 9 teilbar, da die Quersumme 12 nicht durch 9 teilbar ist.

REGELN Für die Teilbarkeit von Termen gilt:

1. Sind alle Summanden einer Summe durch eine natürliche Zahl *n* teilbar, so ist auch die Summe durch *n* teilbar.
   BEISPIEL $7|21$ und $7|35 \Rightarrow 7|(21 + 35)$ also $7|56$

2. Sind Minuend und Subtrahend einer Differenz durch eine natürliche Zahl n teilbar, so ist auch die Differenz durch n teilbar.

   BEISPIEL $7|77$ und $7|35 \Rightarrow 7|(77 - 35)$ also $7|42$
3. Ist ein Faktor eines Produkts durch eine natürliche Zahl n teilbar, so ist auch das Produkt durch n teilbar.

   BEISPIEL $7|35 \Rightarrow 7|(35 \cdot 101)$ also $7|3\,535$

Größter gemeinsamer Teiler (ggT) und kleinstes gemeinsames Vielfaches (kgV)

Der ***größte gemeinsame Teiler (ggT)*** und das ***kleinste gemeinsame Vielfache (kgV)*** zweier Zahlen kann mithilfe der Primfaktorzerlegung dieser Zahlen bestimmt werden.

$$\begin{array}{lllll}
120 & = 2 \cdot 2 \cdot 2 \cdot 3 \cdot 5 & = 2^3 \cdot 3 \cdot 5 & & \\
300 & = 2 \cdot 2 \cdot \phantom{2 \cdot{}} 3 \cdot 5 \cdot 5 & = 2^2 \cdot 3 \cdot 5^2 & & \\
\text{ggT}\ (120; 300) & = 2 \cdot 2 \cdot \phantom{2 \cdot{}} 3 \cdot 5 & = 2^2 \cdot 3 \cdot 5 & = & 60 \\
\text{kgV}\ (120; 300) & = 2 \cdot 2 \cdot 2 \cdot 3 \cdot 5 \cdot 5 & = 2^3 \cdot 3 \cdot 5^2 & = & 600
\end{array}$$

Der größte gemeinsame Teiler (ggT) zweier natürlicher Zahlen a und b ist das Produkt aus allen gemeinsamen Primfaktoren. Das kleinste gemeinsame Vielfache (kgV) zweier natürlicher Zahlen a und b ist das Produkt aus den höchsten auftretenden Primzahlpotenzen.

- Für ggT und kgV gilt: $\text{ggT}\ (a; b) \cdot \text{kgV}\ (a; b) = a \cdot b$.

  BEISPIEL

  $\text{ggT}\ (120; 300) \cdot \text{kgV}\ (120; 300) = 60 \cdot 600 = 36\,000$
  $= 120 \cdot 300$
- Ist a Teiler von b, so gilt: $\text{ggT}\ (a; b) = a$ und $\text{kgV}\ (a; b) = b$.
- Ist $\text{ggT}\ (a; b) = 1$, so heißen a und b ***teilerfremd.***
  Sind a und b teilerfremd, so gilt: $\text{kgV}\ (a; b) = a \cdot b$.
- Nach der Teilbarkeitsregel für Differenzen gilt für $b > a$:
  $\text{ggT}\ (a; b) = \text{ggT}\ (a; b - a)$.

Anwendung der Teilbarkeitsregel für Differenzen: So kann der ggT zweier natürlicher Zahlen a und b auch nach dem ***euklidischen Algorithmus*** bestimmt werden. Es werden Paare immer kleinerer Zahlen gebildet, die den gleichen ggT wie a und b haben.

ggT (120; 300)	= ggT (120; 180),	denn 300 – 120 = 180
ggT (120; 180)	= ggT (120; 60),	denn 180 – 120 = 60
ggT (120; 60)	= ggT (60; 60),	denn 120 – 60 = 60
ggT (60; 60)	= 60 = ggT (120; 300)	

3.3 Rechnen mit ganzen Zahlen

Beim Rechnen mit ganzen Zahlen unterscheidet man zwischen ***Rechenzeichen*** und ***Vorzeichen*** (↗ S. 20):

BEISPIEL (–4) – (+3)
Die Zahlen –4 und +3 sind mit ihrem Vorzeichen in Klammern gesetzt und durch das Rechenzeichen „–" verbunden.

Die Addition ganzer Zahlen

Haben beide Zahlen das *gleiche Vorzeichen*, addiert man ihre Beträge und gibt dem Ergebnis das gemeinsame Vorzeichen.

BEISPIELE mit Veranschaulichung an der Zahlengeraden:

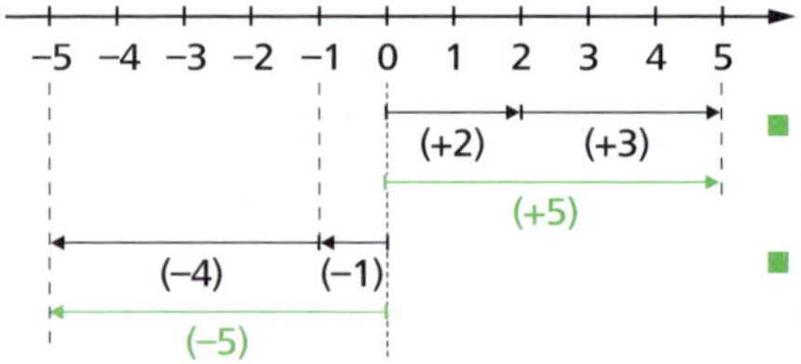

- (+ 2) + (+ 3)
  = + (2 + 3) = +5
- (–1) + (–4)
  = –(1 + 4) = –5

Haben die zwei Zahlen *verschiedene Vorzeichen*, so subtrahiert man vom größeren Betrag den kleineren Betrag und gibt dem Ergebnis das Vorzeichen der Zahl mit dem größeren Betrag.

BEISPIELE mit Veranschaulichung an der Zahlengeraden:

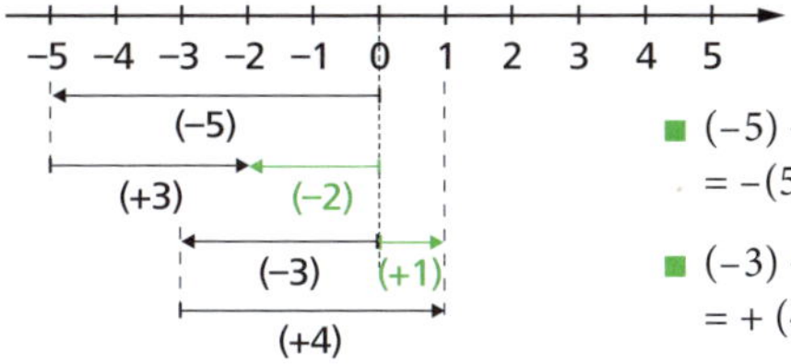

- $(-5) + (+3)$
  $= -(5 - 3) = -2$
- $(-3) + (+4)$
  $= +(4 - 3) = 1$

SONDERFALL Die Summe zweier Gegenzahlen ergibt stets null: $(-8) + (+8) = 0$; $(+12) + (-12) = 0$.

Die Subtraktion ganzer Zahlen

Statt eine ganze Zahl zu subtrahieren, kann man auch ihre Gegenzahl addieren.

BEISPIELE

- $(+3) - (-4) = (+3) + (+4) = +(3 + 4) = +7$
- $(+7) - (+3) = (+7) + (-3) = +(7 - 3) = +4$
- $(-6) - (-2) = (-6) + (+2) = -(6 - 2) = -4$
- $(-9) - (+3) = (-9) + (-3) = -(9 + 3) = -12$

Zur Vereinfachung der Schreibweise werden Vorzeichen und Rechenzeichen zusammengefasst. Dabei gilt folgende Regel:

> Aus gleichen Vor- und Rechenzeichen wird „+“:
> $+(+a) = +a$; $-(-a) = +a$
> Aus ungleichen Vor- und Rechenzeichen wird „–“:
> $+(-a) = -a$; $-(+a) = -a$

Das Pluszeichen bei der ersten Zahl wird meist weggelassen.

BEISPIELE für die Vereinfachungen:

$(-3) + (-4) = -3 - 4 = -7$; $(+8) - (-12) = 8 + 12 = 20$

Da sich jede Subtraktion auch als Addition schreiben lässt, nennt man in $\mathbb{Z}$ jeden Rechenausdruck mit Plus- und Minuszeichen eine (algebraische) Summe. Es können auch alle Rechengesetze für Summen verwendet werden.

BEACHTE *beim Kommutativgesetz:*
Beim Vertauschen nehmen die Glieder einer Summe ihr Vor- bzw. Rechenzeichen mit.

BEISPIEL
$(+9) - (+8) + (+7) = 9 - 8 + 7 = 9 + 7 - 8 = 16 - 8 = 8$

BEACHTE *beim Assoziativgesetz:*
Beim Weglassen und Setzen von Klammern müssen Vorzeichenregeln berücksichtigt werden: Steht vor der Klammer ein *Plus*-Zeichen, so kann man die Klammer einfach weglassen.
Steht vor der Klammer ein *Minus*-Zeichen, so erhalten nach dem Weglassen der Klammer alle Summanden in der Klammer das entgegengesetzte Vorzeichen.

Kurzform: $a + (b + c) = a + b + c$; $a + (b - c) = a + b - c$
$a - (b + c) = a - b - c$; $a - (b - c) = a - b + c$

BEISPIELE für das Weglassen einer Klammer:
- $6 - (25 - 9) = 6 - 25 + 9 = 6 + 9 - 25 = 15 - 25 = -10$
- $25 + (13 - 40) = 25 + 13 - 40 = 38 - 40 = -2$

BEISPIELE für das Setzen einer Klammer:
- $10 - 18 - 12 = 10 - (18 + 12) = 10 - (+30) = -20$ oder
- $10 - 18 - 12 = 10 + (-18 - 12) = 10 + (-30) = -20$

Die Multiplikation ganzer Zahlen

Sind beide Zahlen positiv, so ist auch das Produkt positiv:
$(+7) \cdot (+3) = +(7 \cdot 3) = +21,$
da $(+7) \cdot (+3) = 7 \cdot 3 = 7 + 7 + 7 = 21.$

Ist ein Faktor positiv und der andere negativ, so ist das Produkt negativ:
$(-8) \cdot (+3) = (-8) \cdot 3 = (-8) + (-8) + (-8) = -24;$
$(+4) \cdot (-9) = (-9) \cdot (+4) = (-9) \cdot 4$
$= (-9) + (-9) + (-9) + (-9) = -36;$
$(-1) \cdot 3 = -3.$

Sind beide Zahlen negativ, so ist das Produkt positiv:
$(-4) \cdot (-6) = (-1) \cdot (+4) \cdot (-6)$
$= (-1) \cdot [(+4) \cdot (-6)] = (-1) \cdot (-24) = +24.$

Zusammenfassung der Vorzeichenregeln:

Multipliziert man zwei Zahlen mit *gleichem* Vorzeichen, so ist das Produkt *positiv*:

$(+a) \cdot (+b) = +(a \cdot b)$
$(-a) \cdot (-b) = +(a \cdot b)$

$+ \cdot + = +; \quad - \cdot - = +$

Multipliziert man zwei Zahlen mit *verschiedenen* Vorzeichen, so ist das Produkt *negativ*:

$(+a) \cdot (-b) = -(a \cdot b)$
$(-a) \cdot (+b) = -(a \cdot b)$

$+ \cdot - = -; \quad - \cdot + = -$

BEISPIELE

- $(+5) \cdot (+12) = +60$
- $(-7) \cdot (-9) = +63$
- $(+3) \cdot (-8) = -24$
- $(-16) \cdot (+4) = -64$

Bei mehr als zwei Faktoren bestimmt die Anzahl der negativen Vorzeichen das Vorzeichen des Produkts:

- *Gerade* Anzahl der negativen Vorzeichen: Produkt *positiv.*
- *Ungerade* Anzahl der negativen Vorzeichen: Produkt *negativ.*

BEISPIELE

- $(-4) \cdot (+2) \cdot (-8) \cdot (-2) = -128$,
  drei negative Vorzeichen, also negativ.
- $(-5) \cdot (+3) \cdot (-2) \cdot (+6) = 180$,
  zwei negative Vorzeichen, also positiv.

Für die Multiplikation ganzer Zahlen gelten die Rechengesetze wie beim Rechnen mit natürlichen Zahlen unter Einbeziehung der Vorzeichen.

BEISPIELE

- zum Kommutativgesetz:
  - $(+3) \cdot (-9) = (-9) \cdot (+3) = -27$
  - $(-1) \cdot (+4) = (+4) \cdot (-1) = -4$
- zum Assoziativgesetz:
  - $[(-2) \cdot (+5)] \cdot (-4) = (-10) \cdot (-4) = 40$
    $(-2) \cdot [(+5) \cdot (-4)] = (-2) \cdot (-20) = 40$
  - $[(-5) \cdot (+3)] \cdot (-20) = (-5) \cdot (+3) \cdot (-20)$
    $=[(-5) \cdot (-20)] \cdot (+3) = (+100) \cdot (+3) = 300$

Die Division ganzer Zahlen

Beim Dividieren ganzer Zahlen gelten entsprechende Vorzeichenregeln wie beim Multiplizieren:

Dividiert man zwei Zahlen mit *gleichem* Vorzeichen, so ist der Quotient *positiv:*

$(+a) : (+b) = +(a : b)$
$(-a) : (-b) = +(a : b)$

+ : + = +; − : − = +

Dividiert man zwei Zahlen mit *verschiedenen* Vorzeichen, so ist der Quotient *negativ:*

$(+a) : (-b) = -(a : b)$
$(-a) : (+b) = -(a : b)$

+ : − = −; − : + = −

BEISPIELE

- $(+96) : (+16) = 6$
- $(-180) : (-9) = 20$
- $(+144) : (-6) = -24$
- $(-65) : (+13) = -5$

3.4 Rechnen mit Brüchen

Die Addition und Subtraktion allgemeiner Brüche

Brüche mit gleichem Nenner ***(gleichnamige Brüche)*** werden addiert bzw. subtrahiert, indem man die Zähler addiert bzw. subtrahiert und den Nenner beibehält.

Kurz: $\frac{a}{c} + \frac{b}{c} = \frac{a+b}{c}$, $\frac{a}{c} - \frac{b}{c} = \frac{a-b}{c}$

BEISPIELE $\frac{7}{12} + \frac{4}{12} = \frac{11}{12}$; $\frac{14}{15} - \frac{6}{15} = \frac{8}{15}$

Um Brüche mit verschiedenen Nennern addieren oder subtrahieren zu können, muss man sie zuerst auf den gleichen Nenner bringen. Das kleinste gemeinsame Vielfache (↗ kgV, S. 41) der gegebenen Nenner heißt *Hauptnenner* (↗ S. 19).

BEISPIELE

- $\frac{1}{2} + \frac{1}{3} = \frac{3}{6} + \frac{2}{6} = \frac{3+2}{6} = \frac{5}{6}$, Hauptnenner: kgV (2; 3) = 6
- $\frac{11}{18} + \frac{5}{36} - \frac{3}{24} = \frac{44}{72} + \frac{10}{72} - \frac{9}{72} = \frac{44+10-9}{72} = \frac{45}{72} = \frac{5}{8}$

BEACHTE Zum Schluss alle Ergebnisse ***vollständig kürzen.***

Gemischte Zahlen und unechte Brüche

Ein unechter Bruch wird in eine gemischte Zahl umgewandelt, indem man den Zähler durch den Nenner dividiert. Dadurch erhält man die Ganzen. Der Divisionsrest ergibt den Zähler des Bruches, der zu den Ganzen addiert wird (↗ Division mit Rest, S. 37):

BEISPIELE

- $\frac{17}{2} = 17 : 2 = 8 + 1 : 2 = 8\frac{1}{2}$
- $\frac{134}{11} = 134 : 11 = 12 + 2 : 11 = 12\frac{2}{11}$

Will man eine gemischte Zahl in einen unechten Bruch umwandeln, schreibt man die Ganzen als Bruch und addiert dann:

BEISPIEL

- $4\frac{3}{5} = 4 + \frac{3}{5} = \frac{4}{1} + \frac{3}{5} = \frac{4 \cdot 5}{5} + \frac{3}{5} = \frac{23}{5}$, kurz: $4\frac{3}{5} = \frac{4 \cdot 5 + 3}{5} = \frac{23}{5}$

Addieren bzw. Subtrahieren gemischter Zahlen

1. Weg:

Man addiert bzw. subtrahiert die Ganzen und die Brüche einzeln. Bei der Subtraktion ist es manchmal nötig, beim Minuenden 1 Ganzes in einen Bruch umzuwandeln (siehe drittes Beispiel).

BEISPIELE zum 1. Rechenweg:

- $4\frac{3}{4} + 2\frac{1}{5} = (4 + 2) + \left(\frac{3}{4} + \frac{1}{5}\right) = 6 + \frac{15 + 4}{20} = 6\frac{19}{20}$
- $5\frac{3}{4} - 2\frac{1}{6} = (5 - 2) + \left(\frac{3}{4} - \frac{1}{6}\right) = 3 + \frac{9 - 2}{12} = 3\frac{7}{12}$
- $7\frac{1}{5} - 3\frac{5}{6} = 7\frac{6}{30} - 3\frac{25}{30} = 6\frac{36}{30} - 3\frac{25}{30} = 3\frac{11}{30}$

2. Weg:

Man wandelt die gemischten Zahlen zuerst in unechte Brüche um und addiert bzw. subtrahiert dann. Das Ergebnis schreibt man wieder als gemischte Zahl.

BEISPIELE

Die vorigen Beispiele noch einmal zum 2. Rechenweg:

- $4\frac{3}{4} + 2\frac{1}{5} = \frac{19}{4} + \frac{11}{5} = \frac{95 + 44}{20} = \frac{139}{20} = 139 : 20 = 6\frac{19}{20}$
- $5\frac{3}{4} - 2\frac{1}{6} = \frac{23}{4} - \frac{13}{6} = \frac{69 - 26}{12} = \frac{43}{12} = 43 : 12 = 3\frac{7}{12}$
- $7\frac{1}{5} - 3\frac{5}{6} = \frac{36}{5} - \frac{23}{6} = \frac{216 - 115}{30} = \frac{101}{30} = 101 : 30 = 3\frac{11}{30}$

Meistens kommt man auf dem ersten Weg leichter zum Ergebnis, da man mit kleineren Zahlen rechnen kann.

Die Multiplikation allgemeiner Brüche

> Brüche werden miteinander multipliziert, indem man Zähler mit Zähler und Nenner mit Nenner multipliziert.
> Kurz: $\frac{a}{b} \cdot \frac{c}{d} = \frac{a \cdot c}{b \cdot d}$

BEISPIELE

$\frac{2}{3} \cdot \frac{4}{5} = \frac{2 \cdot 4}{3\ 5} = \frac{8}{15}$; $\frac{4}{15} \cdot \frac{5}{6} = \frac{4 \cdot 5}{15 \cdot 6} = \frac{2 \cdot 1}{3 \cdot 3} - \frac{2}{9}$

Das Ergebnis wird immer vollständig gekürzt. Es empfiehlt sich, bereits vor dem Multiplizieren zu kürzen. Erhält man als Ergebnis einen unechten Bruch, so wandelt man ihn in eine gemischte Zahl um.

Wird ein Bruch mit einer natürlichen Zahl multipliziert, so schreibt man diese als Bruch mit dem Nenner 1:

$\frac{5}{8} \cdot 3 = \frac{5}{8} \cdot \frac{3}{1} = \frac{5 \cdot 3}{8 \cdot 1} = \frac{15}{8} = 1\frac{7}{8}$,

kurz: $\frac{5}{8} \cdot 3 = \frac{5 \cdot 3}{8} = \frac{15}{8} = 1\frac{7}{8}$.

In der Kurzform multipliziert man direkt den Zähler mit der natürlichen Zahl und behält den Nenner bei.

Multiplizieren gemischter Zahlen

Gemischte Zahlen werden vor dem Multiplizieren in einen unechten Bruch umgewandelt:

$$4\frac{1}{8} \cdot 2\frac{8}{11} = \frac{33}{8} \cdot \frac{30}{11} = \frac{33 \cdot 30}{8 \cdot 11} = \frac{3 \cdot 15}{4 \cdot 1} = \frac{45}{4} = 11\frac{1}{4}.$$

Manchmal geht es auch einfacher ohne Umwandeln. Dabei wird das Distributivgesetz verwendet:

$$12\frac{1}{8} \cdot 3 = \left(12 + \frac{1}{8}\right) \cdot 3 = 12 \cdot 3 + \frac{1}{8} \cdot 3 = 36 + \frac{3}{8} = 36\frac{3}{8}.$$

Bruchteile berechnen

Die Berechnung von Bruchteilen entspricht der Multiplikation:

$$\frac{3}{4} \text{ von } \frac{1}{2} = \frac{3}{4} \cdot \frac{1}{2} = \frac{3 \cdot 1}{4 \cdot 2} = \frac{3}{8}$$

Allgemein: $\frac{a}{b}$ von $\frac{c}{d} = \frac{a}{b} \cdot \frac{c}{d}$.

Die Division allgemeiner Brüche

Vorbemerkung: Vertauscht man bei einem Bruch Zähler und Nenner, so erhält man den zugehörigen ***Kehrbruch.***

BEISPIEL Zum Bruch $\frac{5}{8}$ heißt der Kehrbruch $\frac{8}{5}$.

Durch einen Bruch wird dividiert, indem man mit seinem Kehrbruch multipliziert.
Kurz: $\frac{a}{b} : \frac{c}{d} = \frac{a}{b} \cdot \frac{d}{c}$

BEISPIELE

- $\frac{1}{4} : \frac{3}{5} = \frac{1}{4} \cdot \frac{5}{3} = \frac{1 \cdot 5}{4 \cdot 3} = \frac{5}{12}$
- Natürliche Zahlen schreibt man als Bruch mit Nenner 1:
  $\frac{3}{4} : 5 = \frac{3}{4} : \frac{5}{1} = \frac{3}{4} \cdot \frac{1}{5} = \frac{3 \cdot 1}{4 \cdot 5} = \frac{3}{20}$.
- Gemischte Zahlen werden wieder zuerst umgewandelt:
  $5\frac{1}{2} : 4\frac{1}{8} = \frac{11}{2} : \frac{33}{8} = \frac{11}{2} \cdot \frac{8}{33} = \frac{11 \cdot 8}{2 \cdot 33} = \frac{1 \cdot 4}{1 \cdot 3} = \frac{4}{3} = 1\frac{1}{3}$.

  Wenn es möglich ist, schreibt man das Ergebnis als gemischte Zahl.

3

TIPP *Vor* dem Ausmultiplizieren vollständig kürzen!

Doppelbrüche

Bei Doppelbrüchen stehen im Zähler und Nenner ebenfalls Brüche.

Ein Doppelbruch ist nur eine andere Schreibweise für einen Quotienten zweier Brüche. Zum Vereinfachen wird deshalb der Hauptbruchstrich durch ein Divisionszeichen ersetzt. Wenn nötig, setzt man Zähler und Nenner in Klammern.

BEISPIEL

Zähler
Hauptbruchstrich
Nenner

$$\frac{\frac{2}{7}}{\frac{4}{5}} = \frac{2}{7} : \frac{4}{5} = \frac{2}{7} \cdot \frac{5}{4} = \frac{2 \cdot 5}{7 \cdot 4} = \frac{1 \cdot 5}{7 \cdot 2} = \frac{5}{14}$$

3.5 Rechnen mit Dezimalzahlen

Im Allgemeinen rechnet man nur mit endlichen Dezimalzahlen. Periodische Dezimalzahlen (↗ S. 23) wandelt man zum Rechnen in allgemeine Brüche um, nichtperiodische Dezimalzahlen werden sinnvoll gerundet.

Addition und Subtraktion von Dezimalzahlen

Genau wie bei den natürlichen Zahlen wird stellengerecht gerechnet. Fehlende Dezimalstellen am Ende können zur besseren Übersicht durch Nullen aufgefüllt werden.

BEISPIELE

■ $$\begin{array}{r} 34{,}567 \\ +\ 2{,}43 \\ \hline 36{,}997 \end{array} \quad \text{bzw.} \quad \begin{array}{r} 34{,}567 \\ +\ 2{,}430 \\ \hline 36{,}997 \end{array}$$

■ $$\begin{array}{r} 422{,}84 \\ -\ 70{,}7324 \\ \hline 352{,}4676 \end{array} \quad \text{bzw.} \quad \begin{array}{r} 422{,}8400 \\ -\ 70{,}3724 \\ \hline 352{,}4676 \end{array}$$

Die Multiplikation von Dezimalzahlen

Wird eine *Dezimalzahl mit einer Stufenzahl* (↗ S. 14) multipliziert, so verschiebt sich das Komma um so viele Stellen nach rechts, wie die Stufenzahl Nullen hat.

BEISPIELE

$3{,}465 \cdot 100 = 346{,}5$; $\quad 0{,}031 \cdot 10\,000 = 0{,}0310 \cdot 10\,000 = 310$

Bei der *Multiplikation zweier Dezimalzahlen* rechnet man zunächst ohne Berücksichtigung des Kommas. Beim Ergebnis werden danach von rechts her so viele Dezimalzahlen durch ein Komma abgetrennt, wie die Faktoren zusammen besitzen.

BEISPIEL

$$\begin{array}{r} 0{,}243 \cdot 0{,}087 \\ \hline 1944 \\ 1701 \\ \hline 0{,}021141 \end{array}$$

Hier haben die beiden Faktoren zusammen 3 + 3 = 6 Dezimalzahlen. Um im Ergebnis 6 Dezimalzahlen zu erhalten, muss vor der Ziffer 2 noch eine Null ergänzt werden.

Division von Dezimalzahlen

Wird eine *Dezimalzahl durch eine Stufenzahl* dividiert, so verschiebt sich das Komma um so viele Stellen nach links, wie die Stufenzahl Nullen hat. Gegebenenfalls müssen Nullen vorangestellt werden (wie beim zweiten der folgenden Beispiele).

BEISPIELE

$139{,}2 : 100 = 1{,}392$; $2{,}01 : 10\,000 = 0{,}000\,201$

Wird eine *Dezimalzahl durch eine natürliche Zahl* dividiert, so rechnet man wie bei der Division von natürlichen Zahlen. Wird nun bei der Division das Komma im Dividenden (das ist die Zahl vor dem Divisionszeichen) überschritten, so setzt man im Ergebnis das Dezimalkomma.

BEISPIELE

$$
\begin{array}{l}
12{,}64 : 8 = 1{,}58 \\
\underline{-\;8} \\
\;\;46 \\
\;\underline{-40} \\
\;\;\;\;64 \\
\;\;\underline{-64} \\
\;\;\;\;\;0
\end{array}
\qquad\qquad
\begin{array}{l}
1{,}94 : 25 = 0{,}0776 \\
\underline{-175} \\
\;\;\;190 \\
\;\underline{-175} \\
\;\;\;150 \\
\;\underline{-150} \\
\;\;\;\;\;\;0
\end{array}
$$

Gibt es keine Dezimalzahlen zum Herunterholen mehr, werden an die Reste Nullen angehängt (rechtes Beispiel).

Geht die Division nicht auf, rechnet man so weit, bis die gewünschte Genauigkeit durch Runden erreicht wird oder eine Periode der Dezimalzahl erkennbar ist.

BEISPIELE

$$
\begin{array}{l}
97{,}2 : 17 = 5{,}717\ldots \approx 5{,}72 \\
\underline{-85} \\
\;122 \\
\underline{-119} \\
\;\;\;\;30 \\
\;\;\underline{-17} \\
\;\;\;\;130 \\
\;\;\underline{-119} \\
\;\;\;\;\;\;110 \\
\;\;\;\;\;\;\;\vdots
\end{array}
\qquad\qquad
\begin{array}{l}
4{,}7 : 3 = 1{,}566\ldots = 1{,}5\overline{6} \\
\underline{-3} \\
\;17 \\
\underline{-15} \\
\;\;\;20 \\
\;\underline{-18} \\
\;\;\;\;20 \\
\;\;\;\;\;\vdots
\end{array}
$$

Wird eine *Dezimalzahl durch* eine *Dezimalzahl* dividiert, so verschiebt man beim Dividenden und beim Divisor das Komma gleichsinnig so weit nach rechts, bis der Divisor eine natürliche Zahl ist. Nun rechnet man wie oben beschrieben.

BEISPIELE

25,712 : 0,04 =

$$\begin{array}{l} 2571{,}2 : 4 = 642{,}8 \\ \underline{-24} \\ \quad 17 \\ \underline{-16} \\ \quad\; 11 \\ \quad \underline{-8} \\ \quad\;\; 32 \\ \quad \underline{-32} \\ \quad\;\;\; 0 \end{array}$$

16,725 : 12,5 =

$$\begin{array}{l} 167{,}25 : 125 = 1{,}338 \\ \underline{-125} \\ \quad 422 \\ \underline{-375} \\ \quad\; 475 \\ \quad \underline{-375} \\ \quad\; 1000 \\ \quad \underline{-1000} \\ \quad\quad\; 0 \end{array}$$

Dezimalzahlen und allgemeine Brüche

Treten in einer Rechnung beide Brucharten auf, so wandelt man meistens die Dezimalzahlen in allgemeine Brüche um.

BEISPIELE

- $\frac{5}{6} + 3{,}45 = \frac{5}{6} + 3\frac{45}{100} = \frac{5}{6} + 3\frac{9}{20} = \frac{50}{60} + 3\frac{27}{60} = 3\frac{77}{60} = 4\frac{17}{60}$
- $6{,}25 \cdot \frac{2}{7} = 6\frac{1}{4} \cdot \frac{2}{7} = \frac{25}{4} \cdot \frac{2}{7} = \frac{25 \cdot 2}{4 \cdot 7} = \frac{25 \cdot 1}{2 \cdot 7} = \frac{25}{14} = 1\frac{11}{14}$

Manchmal lässt sich der allgemeine Bruch in eine endliche Dezimalzahl umwandeln.

BEISPIEL $7\frac{1}{2} - 3{,}25 = 7{,}5 - 3{,}25 = 4{,}25$

3.6 Rechnen mit Potenzen

Ein Produkt aus n gleichen Faktoren a heißt ***Potenz*** a^n (sprich: „a hoch n"). Man sagt: a wird mit n potenziert. Eine Potenz besteht aus einer ***Grundzahl*** (oder ***Basis***) und einer ***Hochzahl*** (oder ***Exponent***). Der Exponent gibt an, wie oft die Basis als Faktor genommen wird.

$$\underbrace{a \cdot a \cdot a \ldots \cdot a \cdot a}_{n\text{-mal der Faktor } a} = a^n$$

$a \in \mathbb{R}$, $n \in \mathbb{N}\backslash\{1\}$

Bezeichnungen:

a^n — Basis: a, Exponent: n

Weiter wird festgelegt: $\boldsymbol{a^1 = a}$ $(a \in \mathbb{R})$ und $\boldsymbol{b^0 = 1}$ $(b \in \mathbb{R}\backslash\{0\})$.

BEISPIELE

- $5^3 = 5 \cdot 5 \cdot 5 = 125$
- $\left(\frac{3}{5}\right)^4 = \frac{3}{5} \cdot \frac{3}{5} \cdot \frac{3}{5} \cdot \frac{3}{5} = \frac{3 \cdot 3 \cdot 3 \cdot 3}{5 \cdot 5 \cdot 5 \cdot 5} = \frac{81}{625}$
- $(-2)^3 = (-2) \cdot (-2) \cdot (-2) = -8$
- $(-2)^4 = (-2) \cdot (-2) \cdot (-2) \cdot (-2) = 16$

REGEL Wegen der Vorzeichenregel bei der Multiplikation gilt:
$(-a)^n = a^n$, falls n gerade, und $(-a)^n = -a^n$, falls n ungerade.

Für Potenzen gelten die folgenden ***Monotoniegesetze***:

1. $0 < a < b \Rightarrow 0 < a^n < b^n$ für alle $a, b \in \mathbb{R}^+$, $n \in \mathbb{N}$
2. $a > 1$ und $n < m \Rightarrow a^n < a^m$;
   $0 < a < 1$ und $n < m \Rightarrow a^n > a^m$ für alle $a \in \mathbb{R}^+$, $m, n \in \mathbb{N}$

BEISPIELE

- $4 < 5 \Rightarrow 4^3 < 5^3$ (berechnet: $64 < 125$)
- $6 > 1$ und $3 < 5 \Rightarrow 6^3 < 6^5$ (berechnet: $216 < 7776$)

- $0 < 0{,}2 < 1$ und $2 < 3 \Rightarrow 0{,}2^2 > 0{,}2^3$ (berechnet: $0{,}04 > 0{,}008$)

Rechengesetze für Potenzen

- Potenzen werden zuerst berechnet!

BEISPIEL $4 + 5^3 \cdot 6 = 4 + 125 \cdot 6 = 4 + 750 = 754$

- Potenzen können nur dann addiert oder subtrahiert werden, wenn Basis und Exponent gleich sind.

BEISPIELE $5 \cdot 2^6 + 4 \cdot 2^6 = 9 \cdot 2^6 = 9 \cdot 64 = 576$
$6 \cdot 5^2 + 2 \cdot 3^4$ kann nicht zusammengefasst werden.

- Multiplizieren von Potenzen mit gleichen Exponenten:

> Potenzen mit gleichen Exponenten werden multipliziert, indem man die Basen multipliziert und den Exponenten beibehält.
> Kurz: $a^n \cdot b^n = (a \cdot b)^n$ für alle $a, b \in \mathbb{R}$, $n \in \mathbb{N}$.

BEISPIELE $3^5 \cdot 2^5 = (3 \cdot 2)^5 = 6^5 = 7\,776$;
$(-4)^3 \cdot 5^3 = (-4 \cdot 5)^3 = (-20)^3 = -8\,000$

- Dividieren von Potenzen mit gleichem Exponenten:

> Potenzen mit gleichen Exponenten werden dividiert, indem man die Basen dividiert und den Exponenten beibehält.
> Kurz: $\frac{a^n}{b^n} = a^n : b^n = \left(\frac{a}{b}\right)^n$ für alle $a \in \mathbb{R}$, $b \in \mathbb{R}\backslash(0)$, $n \in \mathbb{N}$.

BEISPIELE $16^3 : 5^3 = (16 : 5)^3 = 3{,}2^3 = 32{,}768$;
$\frac{24^4}{32^4} = \left(\frac{24}{32}\right)^4 = \left(\frac{3}{4}\right)^4 = \frac{81}{256}$

- Multiplizieren von Potenzen mit gleicher Basis:

> **Potenzen mit gleicher Basis werden multipliziert, indem man die Exponenten addiert und die Basis beibehält.**
> **Kurz: $a^m \cdot a^n = a^{m+n}$ für alle $a \in \mathbb{R}$, $n, m \in \mathbb{N}$.**

BEISPIELE $5^2 \cdot 5^4 = 5^{2+4} = 5^6 = 15\,625$;
$(-3)^5 \cdot (-3)^3 = (-3)^{5+3} = (-3)^8 = 6\,561$

- Dividieren von Potenzen mit gleicher Basis:

> **Potenzen mit gleicher Basis werden dividiert, indem man die Exponenten subtrahiert und die Basis beibehält.**
> **Kurzschreibweise mit Fallunterscheidung (für alle $a \in \mathbb{R}\setminus\{0\}$, $n, m \in \mathbb{N}$):**

$$\frac{a^m}{a^n} = a^m : a^n = \begin{cases} a^{m-n}, & \text{falls } m > n, \\ 1, & \text{falls } m = n, \\ \frac{1}{a^{n-m}}, & \text{falls } m < n. \end{cases}$$

BEISPIELE $\frac{5^6}{5^8} = \frac{1}{5^{8-6}} = \frac{1}{5^2} = \frac{1}{25}$;

$\frac{0{,}2^7}{0{,}2^4} = 0{,}2^{7-4} = 0{,}2^3 = 0{,}008$

Nun ist auch die Vereinbarung $b^0 = 1$ (für $b \neq 0$) an einem Beispiel leicht einsehbar:

Zum einen ist $\frac{6^5}{6^5} = 1$, da im Zähler und Nenner gleiche Zahlen stehen. Zum anderen gilt nach obiger Regel:

$\frac{6^5}{6^5} = 6^{5-5} = 6^0$, also muss gelten: $6^0 = 1$.

- Potenzieren einer Potenz:

> **Eine Potenz wird potenziert, indem man die Exponenten multipliziert und die Basis beibehält.**
> **Kurz: $(a^m)^n = a^{m \cdot n}$ für alle $a \in \mathbb{R}$, $m, n \in \mathbb{N}$.**

BEISPIEL $(5^2)^3 = 5^{2 \cdot 3} = 5^6 = 15\,625$

- Potenzieren mit negativen Exponenten:
  Aus der Rechenregel für das Dividieren von Potenzen mit gleicher Basis wird die Definition für *Potenzen mit negativen Exponenten* abgeleitet:
  $\frac{1}{a^n} = \frac{a^0}{a^n} = a^{0-n} = a^{-n}$, also gilt:

> **$\frac{1}{a^n} = a^{-n}$ für $a \in \mathbb{R}\backslash(0)$, $a \in \mathbb{N}$.**

BEISPIELE $2^{-3} = \frac{1}{2^3} = \frac{1}{8}$; $\left(\frac{2}{3}\right)^{-4} = \frac{1}{\left(\frac{2}{3}\right)^4} = \left(\frac{3}{2}\right)^4 = \frac{81}{16} = 5\frac{1}{16}$

3.7 Rechnen mit Wurzeln

Quadratwurzeln

$\sqrt{a}$ (sprich: „***Wurzel*** aus *a*“) ist diejenige nichtnegative Zahl, deren Quadrat gleich *a* ist. Die Zahl *a* heißt ***Radikand*** und ist nie negativ.

> **Es gilt also: $(\sqrt{a})^2 = \sqrt{a} \cdot \sqrt{a} = a$ für alle $a \in \mathbb{R}_0^+$.**

BEISPIELE

- $\sqrt{16} = 4$, da $4 \cdot 4 = 16$;
- $\sqrt{-16}$ ist nicht definiert da $-16 < 0$.
- $\sqrt{0{,}25} = 0{,}5$, da $0{,}5 \cdot 0{,}5 = 0{,}25$;
- $\sqrt{0} = 0$

Die Berechnung der Quadratwurzel (das ***Radizieren***) ist die Umkehrung des Quadrierens. Zu beachten ist:

> $\sqrt{b^2} = |b|$ für alle $b \in \mathbb{R}$. Die Quadratwurzel ist nie negativ!

BEISPIELE

- $\sqrt{(-4)^2} = 4 = |-4|$, denn $\sqrt{(-4)^2} = \sqrt{16} = 4$
- $\sqrt{7^2} = 7 = |7|$, denn $\sqrt{7^2} = \sqrt{49} = 7$

Für Qudratwurzeln gilt das ***Monotoniegesetz:***

> $0 < a < b \Rightarrow 0 < \sqrt{a} < \sqrt{b}.$

BEISPIEL $0 < 12 < 16 \Rightarrow 0 < \sqrt{12} < \sqrt{16} \Rightarrow 0 < \sqrt{12} < 4.$

Rechenregeln für Quadratwurzeln

Für das Produkt bzw. den Quotienten zweier Quadratwurzeln gilt:

> $\sqrt{a} \cdot \sqrt{b} = \sqrt{a \cdot b};$ $\qquad \dfrac{\sqrt{a}}{\sqrt{b}} = \sqrt{\dfrac{a}{b}}.$

BEISPIELE $\sqrt{2} \cdot \sqrt{8} = \sqrt{2 \cdot 8} = \sqrt{16} = 4;$ $\qquad \dfrac{\sqrt{25}}{\sqrt{81}} = \sqrt{\dfrac{25}{81}} = \dfrac{5}{9}$

Teilweise Radizieren

Enthält der Radikand ein Quadrat als Faktor, so kann man diesen Faktor abspalten und daraus die Wurzel ziehen.

BEISPIELE

- $\sqrt{12} = \sqrt{4 \cdot 3} = \sqrt{4} \cdot \sqrt{3} = 2 \cdot \sqrt{3}$, kürzer: $\sqrt{12} = \sqrt{4 \cdot 3} = 2\sqrt{3}$
- $\sqrt{\dfrac{1225}{243}} = \sqrt{\dfrac{25 \cdot 49}{81 \cdot 3}} = \dfrac{5 \cdot 7}{9}\sqrt{\dfrac{1}{3}} = \dfrac{35}{9}\sqrt{\dfrac{1}{3}}$

Das Rationalmachen des Nenners

Enthält der Nenner eine Wurzel, wird der Bruch so umgeformt, dass im Nenner eine rationale Zahl steht. Dies kann geschehen durch Kürzen, durch Erweitern oder durch Anwenden der binomischen Formeln (↗ S. 73), wenn im Nenner eine Summe oder eine Differenz mit einer Wurzel steht.

BEISPIELE

- $\frac{10}{\sqrt{10}} = \frac{\sqrt{10} \cdot \sqrt{10}}{\sqrt{10}} = \sqrt{10}$, hier wurde mit $\sqrt{10}$ gekürzt.
- $\frac{5}{\sqrt{3}} = \frac{5 \cdot \sqrt{3}}{\sqrt{3} \cdot \sqrt{3}} = \frac{5 \cdot \sqrt{3}}{3} = \frac{5}{3}\sqrt{3}$, hier wurde mit $\sqrt{3}$ erweitert.
- $\frac{1}{(\sqrt{8} - \sqrt{5})} = \frac{1 \cdot (\sqrt{8} + \sqrt{5})}{(\sqrt{8} - \sqrt{5}) \cdot (\sqrt{8} + \sqrt{5})} = \frac{1 \cdot (\sqrt{8} + \sqrt{5})}{(\sqrt{8})^2 - (\sqrt{5})^2}$

  $= \frac{1 \cdot (\sqrt{8} + \sqrt{5})}{8 - 5} = \frac{1}{3}(\sqrt{8} + \sqrt{5})$,

  hier wurde die 3. binomische Formel $(a - b) \cdot (a + b) = a^2 - b^2$ angewendet.

Summen und Differenzen von Wurzeln

Wurzeln dürfen nur dann addiert oder subtrahiert werden, wenn sie gleiche Radikanden besitzen. Dabei ist es sinnvoll, die Wurzeln durch teilweises Radizieren zu vereinfachen.

BEISPIELE

- $5\sqrt{3} + 10\sqrt{3} = (5 + 10)\sqrt{3} = 15\sqrt{3}$
- $5\sqrt{3} - \sqrt{48} = 5\sqrt{3} - \sqrt{16 \cdot 3} = 5\sqrt{3} - 4\sqrt{3} = \sqrt{3}$
- $3 \cdot \sqrt{8} - 6\sqrt{50} = 3 \cdot \sqrt{4 \cdot 2} - 6\sqrt{25 \cdot 2}$

  $= 3 \cdot 2\sqrt{2} - 6 \cdot 5\sqrt{2} = 6\sqrt{2} - 30\sqrt{2} = -24\sqrt{2}$

Allgemeine Wurzeln

So wie das Quadrieren durch die Berechnung der Quadratwurzel umgekehrt wird, so lässt sich zu jeder Potenz mit dem Exponenten n die ***n*-te Wurzel** $\sqrt[n]{a}$ als Umkehrung definieren:

> $\sqrt[n]{a}$ ist diejenige nichtnegative Zahl, deren n-te Potenz a ist.
> Es gilt also: $(\sqrt[n]{a})^n = a$ für alle $a \in \mathbb{R}_0^+$, $n \in \mathbb{N}$.

BEISPIELE

$\sqrt[3]{8} = 2$, da $2^3 = 8$; $\sqrt[5]{243} = 3$, da $3^5 = 243$

3

Anmerkung: Die dritte Wurzel $\sqrt[3]{a}$ heißt auch ***Kubikwurzel.***

Potenzschreibweise für Wurzeln

Wurzeln lassen sich auch als Potenzen schreiben. Der Exponent ist dabei ein Bruch.

> $\sqrt[n]{a} = a^{\frac{1}{n}}$ für alle $a \in \mathbb{R}_0^+$, $n \in \mathbb{N}$.

Begründung: Gemäß den Rechenregeln für Potenzen rechnet man $\left(a^{\frac{1}{n}}\right)^n = a^{\frac{1}{n} \cdot n} = a^1 = a$. Da ebenfalls $(\sqrt[n]{a})^n = a$ gilt, legt man sinnvollerweise fest: $\sqrt[n]{a} = a^{\frac{1}{n}}$.

BEISPIELE

$\sqrt[3]{8} = 8^{\frac{1}{3}}$; $\sqrt[2]{16} = 16^{\frac{1}{2}}$; $\frac{1}{\sqrt[5]{3\,125}} = \frac{1}{3\,125^{\frac{1}{5}}} = 3\,125^{-\frac{1}{5}}$

Ist der Radikand eine Potenz, so kann man zusammenfassen:

> $\sqrt[n]{a^m} = a^{\frac{m}{n}}$ für alle $a \in \mathbb{R}_0^+$, $m, n \in \mathbb{N}$.

BEISPIELE

$\sqrt[2]{7^3} = 7^{\frac{3}{2}}$; $\sqrt[5]{4^3} = 4^{\frac{3}{5}}$; $\sqrt[4]{5^{-8}} = 5^{-\frac{8}{4}} = 5^{-2} = \frac{1}{5^2} = \frac{1}{25}$

Rechenregeln für Wurzeln

Aus den Rechenregeln für Potenzen lassen sich Rechengesetze für Wurzeln ableiten:

$$\sqrt[n]{a} \cdot \sqrt[n]{b} = \sqrt[n]{a \cdot b}; \qquad \frac{\sqrt[n]{a}}{\sqrt[n]{b}} = \sqrt[n]{\frac{a}{b}}, \text{ insbesondere: } \sqrt[n]{\frac{1}{b}} = \frac{1}{\sqrt[n]{b}}, \ (b \neq 0);$$

$$\left(\sqrt[n]{a}\right)^m = \sqrt[n]{a^m}; \qquad \sqrt[m]{\sqrt[n]{a}} = \sqrt[n]{\sqrt[m]{a}} = \sqrt[mn]{a}.$$

BEISPIELE

- Wurzeln mit gleichen Wurzelexponenten:

  $\sqrt[4]{27} \cdot \sqrt[4]{3} = \sqrt[4]{27 \cdot 3} = \sqrt[4]{81} = 3;$

  $\sqrt[5]{8} : \sqrt[5]{256} = \sqrt[5]{\frac{8}{256}} = \sqrt[5]{\frac{1}{32}} = \frac{1}{\sqrt[5]{32}} = \frac{1}{2}$

- Potenzen und Wurzeln von Wurzeln:

  $\left(\sqrt[5]{4}\right)^3 = \sqrt[5]{4^3} = \sqrt[5]{64}; \qquad \sqrt[2]{\sqrt[3]{128}} = \sqrt[2 \cdot 3]{128} = \sqrt[6]{128}$

- Vereinfachen durch Potenzschreibweise:

  $\sqrt[2]{3} \cdot \sqrt[3]{3} = 3^{\frac{1}{2}} \cdot 3^{\frac{1}{3}} = 3^{\frac{1}{2} + \frac{1}{3}} = 3^{\frac{3+2}{6}} = 3^{\frac{5}{6}} = \sqrt[6]{3^5}.$

Teilweises Radizieren; Rationalmachen des Nenners

Wie Quadratwurzeln können auch Rechenausdrücke mit allgemeinen Wurzeln durch ***teilweises Radizieren** und **Rationalmachen des Nenners*** (↗ S. 59, 60) vereinfacht werden:

BEISPIEL zum teilweisen Radizieren:

$$\sqrt[3]{16\,000} = \sqrt[3]{1\,000 \cdot 8 \cdot 2} = \sqrt[3]{1\,000} \cdot \sqrt[3]{8} \cdot \sqrt[3]{2} = 10 \cdot 2 \cdot \sqrt[3]{2} = 20\,\sqrt[3]{2}$$

BEISPIEL für das Rationalmachen des Nenners:

$$\frac{5}{\sqrt[4]{15}} = \frac{5 \cdot \sqrt[4]{15^3}}{\sqrt[4]{15} \cdot \sqrt[4]{15^3}} = \frac{5 \cdot \sqrt[4]{15^3}}{\sqrt[4]{15^4}} = \frac{5\sqrt[4]{15^3}}{15} = \frac{1}{3}\sqrt[4]{15^3}$$

Hier wird mit $\sqrt[4]{15^3}$ erweitert, damit im Nenner eine Wurzel der Form $\sqrt[n]{a^n}$ steht.

3.8 Logarithmisches Rechnen

Beim Potenzieren einer gegebenen positiven reellen Zahl a (ungleich 1) mit einer gegebenen reellen Zahl r erhält man als Ergebnis wiederum eine positive reelle Zahl b.
Als Gleichung: $a^r = b$.

> Der *Logarithmus von b zur Basis a* ($\log_a b$) ist diejenige Zahl r, mit der man a potenzieren muss um b zu erhalten.
>
> Es gilt also: $\log_a b = r \Leftrightarrow a^r = b$ mit $a \in \mathbb{R}^+\setminus\{1\}$, $b \in \mathbb{R}^+$.
>
> Bezeichnungen: a heißt ***Basis***, b ***Numerus***, r ***Logarithmus***.

Die Berechnung eines Logarithmus ist also nichts anderes als die Bestimmung des Exponenten einer Potenz, mit anderen Worten: Logarithmen sind Exponenten:
$a^{\log_a b} = a^r = b$.

SONDERFÄLLE

Aus der Definition ergeben sich drei Sonderfälle:

- $\log_a a = 1$, da $a^1 = a$,
- $\log_a 1 = 0$, da $a^0 = 1$,
- $\log_a a^c = c$, da $a^c = a^c$.

BEISPIELE für Logarithmen:

- $\log_2 8 = 3$, da $2^3 = 8$;
- $\log_4 \frac{1}{16} = -2$, da $4^{-2} = \frac{1}{4^2} = \frac{1}{16}$
- $\log_3 \sqrt[4]{3^3} = \frac{3}{4}$, da $3^{\frac{3}{4}} = \sqrt[4]{3^3}$

Spezielle Logarithmen

Für die häufig verwendeten Logarithmen zur Basis 10 ***(Zehnerlogarithmen, dekadische Logarithmen)*** verwendet man die Schreibweise „lg". Es gilt: $\lg b = \log_{10} b$.

BEISPIELE

- $\lg 100\,000 = 5$, da $10^5 = 100\,000$
- $\lg 0{,}001 = -3$, da $10^{-3} = 0{,}001$

Natürliche Logarithmen ln (ln für „logarithmus naturalis") mit der Basis e (EULER'SCHE Zahl e = 2,7182818…)

BEISPIEL $\ln e^3 = 3$, da $e^3 = e^3$

Zweierlogarhithmen lb (lb für „binärer Logarithmus") mit der Basis 2.

BEISPIEL $\text{lb}\, 32 = 5$, da $2^5 = 32$

Logarithmen berechnen

Beim Taschenrechner sind nur die Werte des Zehnerlogarithmus lg (Taste „log" oder „lg") und des natürlichen Logarithmus ln (Taste „ln") gespeichert. Will man Logarithmen zu einer anderen Basis *a* berechnen, rechnet man sie z. B. in Zehnerlogarithmen um. Es gilt:

$$\log_a b = \frac{\lg b}{\lg a}.$$

BEISPIELE für näherungsweise Berechnung mit dem Taschenrechner:

- $\log_5 40 = \dfrac{\lg 40}{\lg 5} = \dfrac{1{,}6020\ldots}{0{,}6989\ldots} \approx 2{,}2920$
- $\log_{0,5} 2{,}5 = \dfrac{\lg 2{,}5}{\lg 0{,}5} = \dfrac{0{,}3979\ldots}{-0{,}3010\ldots} \approx -1{,}3219$

Für die Umrechnung von einer Basis *a* in eine Basis c gilt:

$$\log_a b = \frac{\log_c b}{\log_c a}.$$

BEISPIELE

- $\log_4 32 = \frac{\log_2 32}{\log_2 4} = \frac{5}{2} = 2{,}5;$ $\qquad \log_8 \sqrt{2} = \frac{\log_2 \sqrt{2}}{\log_2 8} = \frac{\frac{1}{2}}{3} = \frac{1}{6}$

Rechenregeln für Logarithmen

Die Rechenregeln für Logarithmen folgen aus den Regeln für das Rechnen mit Potenzen mit gleicher Basis.

Der Logarithmus eines Produkts ist gleich der Summe der Logarithmen der einzelnen Faktoren.

$\log_a (u \cdot v) = \log_a u + \log_a v \quad$ für $u, v \in \mathbb{R}^+$

BEISPIELE

- $\log_3 (5 \cdot 8) = \log_3 5 + \log_3 8$
- $\lg (100 \cdot 3 \cdot 7) = \lg 100 + \lg 3 + \lg 7 = 2 + \lg 3 + \lg 7$
- $\lg 8\,000 = \lg (1\,000 \cdot 8) = \lg 1\,000 + \lg 8 = 3 + \lg 8$

Der Logarithmus eines Quotienten (eines Bruches) ist gleich der Differenz der Logarithmen von Dividend (Zähler) und Divisor (Nenner).

$\log_a \frac{u}{v} = \log_a u - \log_a v \quad$ für $u, v \in \mathbb{R}^+$

BEISPIELE

- $\log_2 \frac{8}{5} = \log_2 8 - \log_2 5 = 3 - \log_2 5$
- $\lg 17{,}4 = \lg \frac{174}{10} = \lg 174 - \lg 10 = \lg 174 - 1$
- $\lg \frac{1}{10\,000} = \lg 1 - \lg 10\,000 = 0 - 4 = -4$

Der Logarithmus einer Potenz ist gleich dem Produkt aus dem Exponenten und dem Logarithmus der Basis.

$\log_a u^v = v \cdot \log_a u$ für $u \in R^+, v \in R$

Insbesondere gilt: $\log_a \sqrt[n]{u} = \log_a u^{\frac{1}{n}} = \frac{1}{n} \log_a u.$

BEISPIELE

- $\log_8 7^4 = 4 \cdot \log_8 7$
- $\log_6 \sqrt[3]{5^2} = \log_6 5^{\frac{2}{3}} = \frac{2}{3} \cdot \log_6 5$
- $\lg 10^{-4} = -4 \lg 10 = -4 \cdot 1 = -4$

3.9 Regeln für Ungleichungen

Von zwei verschiedenen reellen Zahlen a und b ist immer eine größer als die andere: Entweder ist $a < b$ oder $b < a$.
Für drei reelle Zahlen a, b, c gilt: Ist $a < b$ und zugleich $b < c$, so ist auch $a < c$. Kurzschreibweise: $a < b \wedge b < c \Rightarrow a < c$.
Damit lassen sich Ungleichungen zusammenfügen:

BEISPIEL $-17 < 6 \wedge 6 < 13 \Rightarrow -17 < 13$

Monotonie der Addition

Die Größer-Kleiner-Beziehung zwischen zwei reellen Zahlen a und b bleibt erhalten, wenn zu beiden dieselbe reelle Zahl addiert wird:

$a < b$ und $c \in \mathbb{R} \Rightarrow a + c < b + c.$

BEISPIELE

- $5 < 12 \quad | +4$
  $5 + 4 < 12 + 4$
  $9 < 16$
- $9 > -3 \quad | -8$
  $9 - 8 > -3 - 8$
  $1 > -11$

Monotonie der Multiplikation

Die Größer-Kleiner-Beziehung zwischen zwei reellen Zahlen a und b bleibt erhalten, wenn beide mit derselben *positiven* reellen Zahl multipliziert werden:

$$a < b \text{ und } c \in \mathbb{R}^+ \Rightarrow a \cdot c < b \cdot c.$$

BEISPIELE

- $8 < 15 \quad | \cdot 5$
  $8 \cdot 5 < 15 \cdot 5$
  $40 < 75$

- $0 > -20 \quad | \cdot 3$
  $0 \cdot 3 > -20 \cdot 3$
  $0 > -60$

FEHLERQUELLE! Werden beide Seiten der Ungleichung mit einer negativen reellen Zahl multipliziert, so wird gleichzeitig das Relationszeichen < (kleiner) bzw. > (größer) umgekehrt.

BEISPIELE

- $4 < 10 \quad | \cdot (-2)$
  $4 \cdot (-2) > 10 \cdot (-2)$
  $-8 > -20$

- $2{,}5 > -4 \quad | \cdot (-1{,}5)$
  $2{,}5 \cdot (-1{,}5) < -4 \cdot (-1{,}5)$
  $-3{,}75 < 6$

Teste dein Wissen!

Kapitel „Rechnen, Regeln, Rechengesetze“	O. K. ✓	Das muss ich noch mal lesen
Ich kann die Fachbegriffe zu den Grundrechenarten nennen und erklären.		S. 28, 31, 32, 36
Ich kann sicher schriftlich multiplizieren und dividieren.		S. 34, 37
Ich kann die Vorrangregeln und die Rechengesetze angeben.		S. 29, 30, 35, 38
Ich kann die Teilbarkeitsregeln nennen und sie anwenden.		S. 40
Ich kann den ggT und das kgV zweier Zahlen bestimmen.		S. 41, 42
Ich kann mit negativen Zahlen rechnen.		S. 42–47
Ich kann mit Brüchen rechnen.		S. 47–51
Ich kann mit Dezimalzahlen rechnen.		S. 51–54
Ich kann die Potenzgesetze erklären und anwenden.		S. 55–58
Ich kann mit Wurzeln rechnen.		S. 58–62
Ich kann die Rechenregeln für Logarithmen erklären und anwenden.		S. 65, 66
Ich kann beim Umformen von Ungleichungen die Monotoniegesetze anwenden.		S. 66–67

Terme und ihre Umformungen

4.1 Grundbegriffe

Ein ***Term*** ist ein Rechenausdruck, der Zahlen und Buchstaben als ***Platzhalter (Variable)*** für Zahlen enthält.

BEISPIELE $5 + 13$; $4a - 3b$; $x^2 + 3x - 5$; $(x + y)(2 - x)$; $100 - y \cdot \log_5 x$

Bei dieser Schreibweise werden die Malpunkte zwischen Zahlen und Variablen weggelassen: $4a$ bedeutet also $4 \cdot a$, $3b = 3 \cdot b$ und $(x + y)(2 - x) = (x + y) \cdot (2 - x)$.

Will man angeben, dass ein Term T die Variable x enthält, schreibt man $T(x)$ (lies „T von x"), z. B. $T(x) = 4x^3 - 2x$ und genauso: $T(a) = 6a - 4$ oder $T(x, y) = 3x - 4y$.

Werden die Variablen durch Zahlen ersetzt, erhält der Term einen bestimmten Wert. Für dieselbe Variable muss dabei immer dieselbe Zahl eingesetzt werden. Die Menge der Zahlen, die zum Einsetzen vorgegeben ist, heißt ***Grundmenge*** G. Diejenigen Zahlen der Grundmenge, für die sich ein Termwert berechnen lässt, bilden die ***Definitionsmenge*** D. Die Definitionsmenge D ist eine Teilmenge der Grundmenge G: $D \subseteq G$.

BEISPIELE

- Gegeben ist der Term $T(a) = 3a - 2$, Grundmenge $G = \mathbb{Q}$.
  Für alle Zahlen aus $\mathbb{Q}$ ist ein Termwert berechenbar: $D = \mathbb{Q}$.
  Einsetzen von 1,5 für a: $T(1{,}5) = 3 \cdot 1{,}5 - 2 = 4{,}5 - 2 = 2{,}5$.
  Einsetzen von – 2 für a: $T(-2) = 3 \cdot (-2) - 2 = -6 - 2 = -8$.

- Gegeben ist der Term $T(x) = \frac{5x + 3}{x}$, Grundmenge $G = \mathbb{Z}$. Für $x = 0$ ist der Term nicht definiert, für alle anderen ganzen Zahlen ist ein Wert berechenbar. Somit: $D = \mathbb{Z} \setminus \{0\}$.
  Wertetabelle für $T(x)$:

x	−2	−1	1	2
T(x)	3,5	2	8	6,5

Zwei Terme nennt man ***äquivalent***, wenn sie für jedes Einsetzen denselben Wert besitzen.

BEISPIEL

$T_1(x) = 2x + 2$ und $T_2(x) = 2 \cdot (x + 1)$ sind äquivalent.

4.2 Summen und Differenzen vereinfachen

Bei Summen oder Differenzen können gleiche Variablen zusammengefasst werden. Dazu werden die ***Koeffizienten (Beizahlen)*** addiert bzw. subtrahiert.

BEISPIELE

- $9x + 6{,}5x = 15{,}5x$, da $9x + 6{,}5x = (9 + 6{,}5)\,x = 15{,}5x$
- $4y - 6y = -2y$, da $4y - 6y = (4 - 6)y = -2y$

Ungleiche Variablen, wie sie die Terme $3a - 4b$; $6a + 3b$ oder $7y - 8z$ enthalten, können nicht zusammengefasst werden.

Beim Rechnen mit Variablen gelten dieselben Rechenregeln wie beim Rechnen mit Zahlen: Die Glieder einer Summe können beliebig vertauscht werden. Sie nehmen dabei ihr Rechenzeichen mit.

BEISPIELE

- $4x - 5x + 16x + 5x = 4x + 16x - 5x + 5x = 20x$
- $3a - 6b + 7a = 3a + 7a - 6b = 10a - 6b$

Vorzeichenregeln beim Weglassen und Setzen von Klammern: Steht vor der Klammer ein *Plus*-Zeichen, so kann man die Klammer einfach weglassen. Steht vor der Klammer ein *Minus*-Zeichen, so erhalten nach dem Weglassen der Klammer alle Summanden in der Klammer das entgegengesetzte Vorzeichen (↗ S. 44).

BEISPIELE

- $3a + (7a - 15a) = 3a + 7a - 15a = 10a - 15a = -5a$
- $7b - (6b - 9b) = 7b - 6b + 9b = b + 9b = 10b$

Treten mehrere Variablen auf, vereinfacht man so: Gleiche Variablen so weit wie möglich zusammenfassen. Das Ergebnis alphabetisch sortieren und in der Reihenfolge fallender Potenzen ordnen.

BEISPIEL

$$6x + 8x^2 + 4y - 10x + 8y = 8x^2 + (6 - 10)x + (4 + 8)y$$
$$= 8x^2 - 4x + 12y$$

4.3 Produkte vereinfachen

Bei Produkten mit Variablen werden Koeffizienten mit Koeffizienten und Variable mit Variablen multipliziert. Im Ergebnis werden die Variablen in alphabetischer Reihenfolge geordnet.

BEISPIELE

- $5ax \cdot 12by = (5 \cdot 12) \cdot (ax \cdot by) = 60\,abxy$

  Kurz: $5ax \cdot 12by = 60abxy$
- $6yz \cdot (-3xy^2z) = [6 \cdot (-3)] \cdot (yz \cdot xy^2z) = -18xy^3z^2$

  Kurz: $6yz \cdot (-3xy^2z) = -18xy^3z^2$
- $2{,}5ab^2 \cdot 4bc^3 \cdot 10ac^2 = 100\,a^2b^3c^5$

Bei Produkten mit Klammern wird beim Ausmultiplizieren das Distributivgesetz (↗ S. 38) angewandt:

$(a + b) \cdot c = a \cdot c + b \cdot c$ und $(a - b) \cdot c = a \cdot c - b \cdot c$.

FEHLERQUELLE! Jeder einzelne Summand der Klammer wird der Reihe nach mit dem Faktor außerhalb der Klammer multipliziert. Dabei müssen die Vorzeichenregeln (↗ S. 45) beachtet werden.

BEISPIELE

- $(5x + 3y) \cdot 2z = 5x \cdot 2z + 3y \cdot 2z = 10xz + 6yz$
- $(0{,}5ab - 6bc) \cdot (-4abc)$
  $= 0{,}5ab \cdot (-4abc) - 6bc \cdot (-4abc) = -2\,a^2\,b^2\,c + 24ab^2\,c^2$

Ist der Faktor selbst ein Klammerterm, so wird in zwei Stufen ausmultipliziert.

BEISPIEL

$(3a - 2b) \cdot (2x - 2y) = 3a \cdot (2x - 2y) - 2b \cdot (2x - 2y)$
$= 3a \cdot 2x - 3a \cdot 2y - 2b \cdot 2x + 2b \cdot 2y$
$= 6ax - 6ay - 4bx + 4by$

4.4 Faktorisieren durch Ausklammern

Besitzen in einer Summe mehrere Summanden gleiche Faktoren, so können diese gleichen Faktoren *ausgeklammert* (↗ S. 38) werden. Die Summe wird so zu einem Produkt.

BEISPIELE

- $15xy + 20ab = (5 \cdot 3xy + 5 \cdot 4ab) = 5 \cdot (3xy + 4ab)$
  Kurz: $15xy + 20ab = 5 \cdot (3xy + 4ab)$
- $16a^4x - 40a^3x^3y = 8a^3x \cdot (2a - 5x^2y)$
- $x^2 + x = x^2 + 1 \cdot x = x \cdot (x + 1)$

Im letzten Beispiel wurde der Koeffizient 1 beim zweiten Summanden x noch einmal besonders hervorgehoben.

Besitzen nicht alle Summanden einer Summe den gleichen gemeinsamen Faktor, so kann man *teilweise ausklammern.*

BEISPIEL

$$2ax + 5ay - 4bx - 10by = a \cdot (2x + 5y) - 2b \cdot (2x + 5y)$$
$$= (2x + 5y) \cdot (a - 2b)$$

Die neu entstandenen Summanden enthalten den gleichen Faktor $2x + 5y$. Dieser wird noch ausgeklammert.

BEACHTE Manchmal ist es nötig, den Faktor (-1) auszuklammern, um weiter zusammenzufassen.

BEISPIEL

$$m \cdot (a - b) + n \cdot (b - a) = m \cdot (a - b) + n \cdot (-1) \cdot (-b + a)$$
$$= m \cdot (a - b) - n \cdot (a - b) = (a - b) \cdot (m - n)$$

Anmerkung: Es ist gleichgültig, bei *welchem* Summanden (-1) ausgeklammert wird.

4.5 Binomische Formeln

Einen zweigliedrigen Term wie $a + b$ oder $a - b$ nennt man ein ***Binom.*** Die Multiplikation zweier solcher Terme ergibt:

$$(a + b)^2 = (a + b) \cdot (a + b) = a^2 + ab + ba + b^2 = a^2 + 2ab + b^2$$
$$(a - b)^2 = (a - b) \cdot (a - b) = a^2 - ab - ba + b^2 = a^2 - 2ab + b^2$$
$$(a + b) \cdot (a - b) = a^2 - ab + ba - b^2 = a^2 - b^2$$

Damit erhält man die ***binomischen Formeln:***

1. $(a + b)^2 = a^2 + 2ab + b^2$
2. $(a - b)^2 = a^2 - 2ab + b^2$
3. $(a + b) \cdot (a - b) = a^2 - b^2$

In Aufgaben werden dann die Platzhalter a und b durch die entsprechenden Zahlen oder Terme ersetzt.

BEISPIELE zu den Formeln:

- $(3x - y)^2 = (3x)^2 - 2 \cdot 3x \cdot y + y^2 = 9x^2 - 6xy + y^2$
- $(-2a + 4b)^2 = (-2a)^2 + 2 \cdot (-2a) \cdot 4b + (4b)^2$
  $= 4a^2 - 16ab + 16b^2$
- $(6m + 4n) \cdot (6m - 4n) = (6m)^2 - (4n)^2 = 36m^2 - 16n^2$

Binomische Formeln „von rechts nach links"

Liest man die binomischen Formeln von rechts nach links, so lassen sich bestimmte Summenterme in Produkte umwandeln.

BEISPIELE

- $x^2 - 10xy + 25y^2 = (x - 5y)^2$ [2. binomische Formel]
  Beim Umwandeln sind folgende Überlegungsschritte wichtig:
  1. Der Term enthält *zwei Quadrate:* $x^2 = a^2$ und $25y^2 = b^2$.
  2. Damit ist $a = x$ und $b = 5y$.
  3. Der Term enthält auch das *negative doppelte Produkt* $-2ab = -2 \cdot x \cdot 5y = -10xy$.
     Also kann man die 2. binomische Formel anwenden.
- $64r^2 + 48rs + 9s^2 = (8r + 3s)^2$ [1. binomische Formel]
- $36u^2 - 9v^2 = (6u)^2 - (3v)^2 = (6u + 3v) \cdot (6u - 3v)$
  [3. binomische Formel]

Terme vom Typ $a^2 + b^2$ lassen sich mit binomischen Formeln nicht umwandeln!

SCHWIERIGERE BEISPIELE

- $x^4 - 1 = (x^2)^2 - 1^2 = (x^2 + 1) \cdot (x^2 - 1)$
  $= (x^2 + 1) \cdot (x + 1) \cdot (x - 1)$
  Zweimalige Anwendung der 3. binomischen Formel.
- $8x^2 - 24xy + 18y^2 = 2 \cdot (4x^2 - 12xy + 9y^2) = 2 \cdot (2x - 3y)^2$
  Hier muss zuerst der Faktor 2 ausgeklammert werden.

- $16x^4y^2 - 25x^2z^2 = (4x^2y)^2 - (5xz)^2$
  $= (4x^2y + 5xz) \cdot (4x^2y - 5xz)$
  Quadrate mit mehreren Variablen.
- $81a^2b - 16b^2$ kann nicht vereinfacht werden. $81a^2b$ ist kein Quadrat.

Formeln für Binome zur 3. Potenz

> $(a + b)^3 = a^3 + 3a^2b + 3ab^2 + b^3$
> $(a - b)^3 = a^3 - 3a^2b + 3\,ab^2 - b^3$

BEISPIELE

- $(2x + y)^3 = (2x)^3 + 3 \cdot (2x)^2 \cdot y + 3 \cdot 2x \cdot y^2 + y^3$
  $= 8x^3 + 12x^2y + 6xy^2 + y^3$
- $(0{,}5a - 4b)^3 = (0{,}5a)^3 - 3 \cdot (0{,}5a)^2 \cdot 4b + 3 \cdot 0{,}5a \cdot (4b)^2 - (4b)^3$
  $= 0{,}125a^3 - 3a^2b + 24ab^2 - 64b^3$

4.6 Bruchterme vereinfachen

Bei ***Bruchtermen*** treten Variablen auch im Nenner auf. Bruchterme sind nur für diejenigen Zahlen definiert, für die der Nenner nicht null wird. Die praktische Bestimmung der Definitionsmenge *D* (↗ S. 69) erfolgt so: Aus der Grundmenge werden die Zahlen entfernt, für die der Nenner null wird.

BEISPIELE

Die Grundmenge sei stets $G = \mathbb{Q}$.

- $\frac{5x - 7}{2x - 6}$, $D = \mathbb{Q}\setminus\{3\}$, da für $x = 3$ der Nenner $2x - 6$ null wird.
- $\frac{x^4 + 6}{x^2 + 1}$, $D = \mathbb{Q}$, da $x^2 + 1$ für keine Zahl aus $\mathbb{Q}$ null wird.

Das Rechnen mit Bruchtermen wird dem Rechnen mit allgemeinen Brüchen nachgebildet.

Erweitern von Bruchtermen

Beim *Erweitern* werden Zähler und Nenner mit demselben Term multipliziert.

BEISPIELE

- Erweitere $\frac{3x}{5x-2}$ mit x: $\frac{3x}{5x-2} = \frac{3x \cdot x}{(5x-2) \cdot x} = \frac{3x^2}{5x^2 - 2x}$.
- Erweitere $\frac{3}{8x^2y}$ auf den Nenner $32x^2y^2z^2$.

  Bestimme zunächst den Erweiterungsfaktor:
  $32x^2y^2z^2 = 8x^2y \cdot 4yz^2$. Es wird mit $4yz^2$ erweitert:

  $$\frac{3}{8x^2y} = \frac{3 \cdot 4yz^2}{8x^2y \cdot 4yz^2} = \frac{12yz^2}{32x^2y^2z^2}.$$

- Erweitere $\frac{5y+2}{y-2}$ auf den Nenner $y^2 - 4$.
  Bestimme zunächst den Erweiterungsfaktor:
  $y^2 - 4 = (y+2) \cdot (y-2)$. Also mit $y + 2$ erweitern.

  $$\frac{5y+2}{y-2} = \frac{(5y+2) \cdot (y+2)}{(y-2) \cdot (y+2)} = \frac{5y^2 + 10y + 2y + 4}{y^2 - 4} = \frac{5y^2 + 12y + 4}{y^2 - 4}$$

Kürzen von Bruchtermen

Beim *Kürzen* werden Zähler und Nenner durch denselben Term dividiert. Dazu werden Zähler und Nenner in Faktoren zerlegt.

BEACHTE Es dürfen nur Faktoren gekürzt werden!

BEISPIELE

- $\frac{2a + ab}{a^2 - a} = \frac{a \cdot (2+b)}{a \cdot (a-1)} = \frac{2+b}{a-1}$ (mit $a \neq 0$, $a \neq 1$)
- $$\frac{a^2x - 4b^2x}{2a^2x - 8abx + 8b^2x} = \frac{x \cdot (a^2 - 4b^2)}{2 \cdot x \cdot (a^2 - 4ab + 4b^2)}$$
  $$= \frac{x \cdot (a+2b) \cdot (a-2b)}{2 \cdot x \cdot (a-2b)^2} =$$

$$= \frac{a + 2b}{2 \cdot (a - 2b)} \text{ (mit } a \neq 2b \text{ und } x \neq 0\text{)}$$

FEHLERQUELLE! Die Definitionsmenge des Ausgangsbruchs muss beibehalten werden.

Die Addition und Subtraktion von Bruchtermen

Bruchterme mit gleichem Nenner werden addiert bzw. subtrahiert, indem man die Zähler addiert bzw. subtrahiert und den Nenner beibehält:

$\frac{a}{c} + \frac{b}{c} = \frac{a+b}{c}$; $\frac{a}{c} - \frac{b}{c} = \frac{a-b}{c}$.

4

BEISPIELE

- $\frac{2}{3x} + \frac{10}{3x} = \frac{2+10}{3x} = \frac{12}{3x} = \frac{4}{x}$
- $\frac{1}{x - 2x^2} - \frac{4x^2}{x - 2x^2} = \frac{1 - 4x^2}{x - 2x^2} = \frac{(1 + 2x)(1 - 2x)}{x(1 - 2x)} = \frac{1 + 2x}{x}$

BEACHTE Das Ergebnis wird immer vollständig gekürzt.

Bruchterme mit verschiedenen Nennern werden vor dem Addieren bzw. Subtrahieren auf den gleichen Nenner gebracht.

BEISPIELE

- $\frac{4}{x} + \frac{3}{y} = \frac{4 \cdot y}{x \cdot y} + \frac{3 \cdot x}{y \cdot x} = \frac{4y + 3x}{x \cdot y} = \frac{3x + 4y}{xy}$
- $\frac{u + v}{6x} + \frac{u}{y} = \frac{(u + v) \cdot y}{6x \cdot y} + \frac{u \cdot 6x}{y \cdot 6x} = \frac{(u + v) \cdot y + u \cdot 6x}{6yx}$

  $= \frac{uy + vy + 6ux}{6xy} = \frac{6ux + uy + vy}{6xy}$

Bei der Bestimmung des ***Hauptnenners*** (↗ S. 19) müssen die gegebenen Nenner häufig in Faktoren zerlegt werden.

BEISPIEL

$$\frac{3x}{2x-4y}-\frac{x+2y}{6x}=\frac{3x}{2(x-2y)}-\frac{x+2y}{2\cdot 3\cdot x}$$

$$=\frac{3x\cdot 3x-(x+2y)\cdot(x-2y)}{2\cdot 3\cdot x\cdot(x-2y)}$$

$$=\frac{9x^2-(x^2-4y^2)}{6x(x-2y)}=\frac{8x^2+4y^2}{6x(x-2y)}$$

$$=\frac{4(2x^2+y^2)}{6x(x-2y)}=\frac{2(2x^2+y^2)}{3x(x-2y)}=\frac{4x^2+2y^2}{3x^2-6xy}$$

Zuerst werden die Nenner in Faktoren zerlegt. Der ***Hauptnenner*** ist das kgV (↗ S. 41) der gegebenen Nenner. Beim Ergebnis wird gekürzt.

Die Multiplikation von Bruchtermen

Bruchterme werden multipliziert, indem man Zähler mit Zähler und Nenner mit Nenner multipliziert:
$\frac{a}{b}\cdot\frac{c}{d}=\frac{a\cdot c}{b\cdot d}$.

TIPP Kürze *vor* dem Ausmultiplizieren.

BEISPIELE

- $$\frac{-35a^2b}{12uv}\cdot\frac{168u^3v}{70a^4b}=\frac{-35a^2b\cdot 168u^3v}{12uv\cdot 70a^4b}=\frac{-1\cdot 14u^2}{1\cdot 2a^2}$$
$$=\frac{-7u^2}{a^2}=-\frac{7u^2}{a^2}$$

- $$\frac{4x^2-4y^2}{5(a^2+b^2)}\cdot\frac{5a+5b}{2x+2y}=\frac{(4x^2-4y^2)\cdot(5a+5b)}{5(a^2-b^2)\cdot(2x+2y)}$$
$$=\frac{4(x+y)(x-y)\cdot 5(a+b)}{5(a+b)(a-b)\cdot 2(x+y)}=\frac{2(x-y)}{a-b}$$

Hier wurde mit 5, mit 2, mit $(a+b)$ und mit $(x+y)$ gekürzt.

Die Division von Bruchtermen

Durch einen Bruchterm wird dividiert, indem man mit seinem Kehrbruch multipliziert:
$\frac{a}{b} : \frac{c}{d} = \frac{a}{b} \cdot \frac{d}{c}$.

BEISPIELE

- $$\frac{16x^2}{3y-2z} : \frac{12xy}{3y-2z} = \frac{16x^2}{3y-2z} \cdot \frac{3y-2z}{12xy} = \frac{16x^2 \cdot (3y-2z)}{(3y-2z) \cdot 12xy} = \frac{4x}{3y}$$

  Hier wurde mit 4, mit x und mit $(3y - 2z)$ gekürzt.

- $$\frac{a+b}{x^2-x} : \frac{a^2b-b^3}{x^2-1} = \frac{a+b}{x^2-x} \cdot \frac{x^2-1}{a^2b-b^3} = \frac{(a+b) \cdot (x^2-1)}{(x^2-x) \cdot (a^2b-b^3)} = \frac{(a+b) \cdot (x+1)(x-1)}{x(x-1) \cdot b(a+b)(a-b)} = \frac{x+1}{bx(a-b)}$$

  Hier wurde mit $(a + b)$ und mit $(x - 1)$ gekürzt.

4.7 Die Polynomdivision

Eine Summe aus Potenzen der gleichen Variablen nennt man ein ***Polynom***. Der höchste vorkommende Exponent wird ***Grad des Polynoms*** genannt.

BEISPIELE

- $3x^2 + 4x - 2$ ist ein Polynom in x mit Grad 2.
- $14y^5 - 2y^2 + 17y$ ist ein Polynom in y mit Grad 5.
- $6z$ ist ein Polynom in z mit Grad 1.

Zwei Polynome mit der gleichen Variablen lassen sich durcheinander dividieren. Das Rechenverfahren entspricht der Division bei natürlichen Zahlen.

BEISPIEL 1

$$
\begin{array}{l}
(24x^3 - 4x^2 - 8x + 2) : (4x - 2) = 6x^2 + 2x - 1 \\
\underline{-(24x^3 - 12x^2)} \\
\qquad\qquad 8x^2 - 8x \\
\qquad\quad \underline{-(8x^2 - 4x)} \\
\qquad\qquad\quad -4x + 2 \\
\qquad\qquad \underline{-(-4x + 2)} \\
\qquad\qquad\qquad\quad 0
\end{array}
$$

Bei dieser Aufgabe überlegt man so:

1. Womit muss man $4x$ multiplizieren, um $24x^3$ zu erhalten? Mit $6x^2$.
2. $6x^2$ anschreiben und $(4x - 2)$ mit $6x^2$ multiplizieren. Das ergibt $(24x^3 - 12x^2)$.
3. $(24x^3 - 12x^2)$ subtrahieren. Dabei ist $-4x^2 - (-12x^2) = 8x^2$.
4. Die nächstniedrigere Potenz herunterholen. Nun beginnen die Rechenschritte von neuem. Der Grad des Polynoms im Ergebnis ist die Differenz der Grade der Ausgangspolynome.

TIPP Fallen im Dividendenpolynom einzelne Exponenten aus, so empfiehlt es sich zur übersichtlicheren Division die fehlenden Potenzen mit dem Koeffizienten 0 zu ergänzen.

BEISPIEL 2

$$(24x^3 + 3) : (8\,x + 4) =$$

$$
\begin{array}{l}
(24x^3 + \ 0x^2 + 0x + 3) : (8x + 4) = 3x^2 - 1{,}5x + 0{,}75 \\
\underline{-(24x^3 + 12x^2)} \\
\qquad\quad -12x^2 + 0x \\
\qquad \underline{-(-12x^2 - 6x)} \\
\qquad\qquad\qquad 6x + 3 \\
\qquad\qquad\quad \underline{-(6x + 3)} \\
\qquad\qquad\qquad\qquad 0
\end{array}
$$

Bei der Division kann auch ein Rest auftreten. Der Rest wird erreicht, wenn das Subtraktionsergebnis einen niedrigeren Grad als das Divisorpolynom hat. Im Ergebnis ist der Divisionsrest der Zähler und das Divisorpolynom der Nenner des Restbruchterms.

BEISPIEL 3

$$(6x^3 - 4x^2 + 4{,}5x - 4) : (2x^2 - 1) = 3x^2 - 0{,}5x + 2 + \frac{-2}{2x - 1}$$

$$\begin{array}{l}
\underline{-(6x^3 - 3x^2)} \\
\quad -x^2 + 4{,}5x \\
\quad \underline{-(-x^2 + 0{,}5x)} \\
\qquad 4x - 4 \\
\qquad \underline{-(4x - 2)} \\
\qquad -2
\end{array}$$

▶ **ZUSAMMENFASSUNG** Schreibt man die Quotienten von Beispiel 1 bis 3 als Bruchterme, erkennt man, dass mithilfe der Polynomdivision diese Bruchterme aus Polynomen vereinfacht werden können.

- $\frac{24x^3 - 4x^2 - 8x + 2}{4x - 2} = 6x^2 + 2x - 1$
- $\frac{24x^3 + 3}{8x + 4} = 3x^2 - 1{,}5x + 0{,}75$
- $\frac{6x^3 - 4x^2 + 4{,}5x - 4}{2x - 1} = 3x^2 - 0{,}5x + 2 - \frac{2}{2x - 1}$

4.8 Terme mit Logarithmen

Anmerkung: Da die folgenden Überlegungen für jede Basis gelten, wird auf die Angabe der Basis verzichtet.
Der ***Logarithmus*** log b ist nur für diejenigen Zahlen definiert, bei deren Einsetzung der Termwert von b größer null ist. Es muss also stets die Definitionsmenge D beachtet werden.

BEISPIELE

- $\log(3x-6)$, Grundmenge $G = \mathbb{R}$. Es muss gelten:
  $3x - 6 > 0$, d.h. $x > 2$, somit: $D =]2;\ \ \infty[$.
- $\log(-2y+8)$, Grundmenge $G = \mathbb{R}$. Es muss gelten:
- $-2y + 8 > 0$, d.h. $y < 4$, somit: $D =]-\infty;\ \ 4[$.

> Die Rechengesetze für Logarithmen mit Zahlen (↗ S. 65) gelten auch für Terme:
>
> $\log(uv) = \log u + \log v$ mit $u, v > 0$

BEISPIELE

- $\log(2ab) = \log 2 + \log a + \log b$
- $\log[2(x+y)(x-y)] = \log 2 + \log(x+y) + \log(x-y)$

> $\log \frac{u}{v} = \log u - \log v$ mit $u, v > 0$

BEISPIEL

- $\log \frac{3a}{b} = \log 3a - \log b = \log 3 + \log a - \log b$

> $\log u^a = a \log u$ für $u > 0$

BEISPIEL

- $\log(10\,x^2\,y) = \log 10 + \log x^2 + \log y = \log 10 + 2\log x + \log y$

4.9 Beträge vereinfachen

Entsprechend der Definition für den Betrag einer Zahl (↗ S. 21) definiert man den ***Betrag eines Terms:***

$$|T(x)| = \begin{cases} T(x), & \text{falls } T(x) > 0 \\ 0, & \text{falls } T(x) = 0 \\ -T(x), & \text{falls } T(x) < 0 \end{cases}$$

Das Vorzeichen eines Terms wird durch die eingesetzten Zahlen bestimmt. Es ist also zu untersuchen, für welche Zahlen der Term positiv, null oder negativ ist.

4

Ist der *Termwert positiv,* können die Betragsstriche weggelassen werden. Ist der *Termwert negativ,* wird der Term in Klammern geschrieben und ein Minuszeichen vor die Klammer gesetzt.

BEISPIELE

- Löse den Betrag auf: $|x - 3|$.

  1. Fall: $x - 3 = 0$, d. h. $x = 3$. Es gilt also:
  $|x - 3| = 0$, falls $x = 3$.

  2. Fall: $x - 3 > 0$, d. h. $x > 3$. Es gilt also:
  $|x - 3| = x - 3$, falls $x > 3$.

  3. Fall: $x - 3 < 0$, d. h. $x < 3$. Es gilt also:
  $|x - 3| = -(x - 3) = -x + 3$, falls $x < 3$.

- Schreibe ohne Betrag: $2x + |-4x + 6|$.

  1. Fall: $-4x + 6 = 0$, d. h. $x = 1{,}5$. Es gilt also:
  $|-4x + 6| = 0$, falls $x = 1{,}5$ und damit:
  $2x + |-4x + 6| = 2x + 0 = 2x$, falls $x = 1{,}5$.

  2. Fall: $-4x + 6 > 0$, d. h. $x < 1{,}5$. Es gilt also:
  $|-4x + 6| = -4x + 6$, falls $x < 1{,}5$. Somit:
  $2x + |-4x + 6| = 2x + (-4x + 6) = 2x - 4x + 6$
  $= -2x + 6$, falls $x < 1{,}5$.

  3. Fall: $-4x + 6 < 0$, d. h. $x > 1{,}5$. Es gilt also:
  $|-4x + 6| = -(-4x + 6) = 4x - 6$, falls $x > 1{,}5$. Somit:
  $2x + |-4x + 6| = 2x + (4x - 6) = 2x + 4x - 6$
  $= 6x - 6$, falls $x > 1{,}5$.

Teste dein Wissen!

Kapitel „Terme und ihre Umformungen“	O. K. ✔	Das muss ich noch mal lesen
Ich kann zu einem Term eine Wertetabelle erstellen.		S. 70
Ich kann Terme vereinfachen.		S. 70–72
Ich kann faktorisieren.		S. 72, 73
Ich kann die drei binomischen Formeln in beide Richtungen anwenden.		S. 73–75
Ich kann zu Bruchtermen die Definitionsmenge bestimmen.		S. 75
Ich kann mit Bruchtermen rechnen.		S. 77–79
Ich kann sicher Polynome dividieren.		S. 79–81
Ich kann die Rechengesetze für Logarithmen anwenden.		S. 82
Ich kann Beträge in Termen mit einer Fallunterscheidung auflösen.		S. 83

Gleichungen

5.1 Grundbegriffe

Verbindet man zwei Terme durch ein Gleichheitszeichen, so entsteht eine ***Gleichung.*** Der Term vor dem Gleichheitszeichen heißt *linke Seite* der Gleichung, der Term hinter dem Gleichheitszeichen entsprechend *rechte Seite* der Gleichung.

Treten nur Zahlen in der Gleichung auf, so ist sie entweder eine ***wahre*** oder eine ***falsche Aussage.*** Treten in der Gleichung auch Variablen auf, so wird im Allgemeinen ein Zahlenbereich angegeben, aus dem für eine Variable eingesetzt werden darf. Dieser Zahlenbereich heißt ***Grundmenge*** *G* (↗ S. 69).
Diejenigen Zahlen der Grundmenge, die eine Gleichung mit einer Variablen zu einer wahren Aussage werden lassen, wenn man sie für die Variable einsetzt, heißen ***Lösungen*** der Gleichung. Eine Gleichung mit einer Variablen lösen heißt, alle Lösungen der Gleichung zu finden. Sie bilden die ***Lösungsmenge*** *L*. Die Lösungen von Gleichungen mit zwei Variablen sind Zahlenpaare.

BEISPIELE

- $17 - 5 = 3 \cdot 4$ (wahr)
- $15 : 3 = 12 + 7$ (falsch)
- $-7y + 4 = -17; \quad G = \mathbb{N}; \quad L = \{3\}$
- $(x - 2)^2 = x^2 - 4x + 4; \quad G = \mathbb{R}; \quad L = \mathbb{R}$
- $x^2 + 3x - 10 = 0; \quad G = \mathbb{R}; \quad L = \{-5; 2\}$
- $8x - 4y = 2; \quad G = \mathbb{R}; \quad L = \{(x \mid y) \mid x, y \in \mathbb{R} \text{ und } y = 2x - 0{,}5\}$

Wir beschränken uns hier auf Gleichungen, in denen nur jeweils eine Variable auftritt.

5.2 Äquivalenzumformungen

Zwei Gleichungen heißen über einer gegebenen Grundmenge ***äquivalent***, wenn sie dieselbe Lösungsmenge besitzen.

BEISPIEL

$(x-2)\cdot(x+5)=0;\quad G=\mathbb{R};\quad L=\{-5;2\}$

$-2x^2-6x+20=0;\quad G=\mathbb{R};\quad L=\{-5;2\}$

Man schreibt: $(x-2)\cdot(x+5)=0;\quad G=\mathbb{R}$

$\Leftrightarrow -2x^2-6x+20=0;\quad G=\mathbb{R}.$

Beim Lösen einer Gleichung wird diese durch schrittweises Umformen so lange vereinfacht, bis man die Lösungsmenge angeben kann. Eine Umformung, die eine Gleichung in eine äquivalente Gleichung umformt, heißt ***Äquivalenzumformung.***

Wichtige Äquivalenzumformungen

1. Vertauschen der beiden Seiten der Gleichung
2. Termumformungen auf einer Seite der Gleichung: Zusammenfassen (↗ S. 70), Ausklammern (↗ S. 72), Ausmultiplizieren (↗ S. 71), Anwendung der binomischen Formeln (↗ S. 73)
3. Addition oder Subtraktion desselben Terms auf beiden Seiten der Gleichung
4. Multiplikation oder Division beider Seiten der Gleichung mit demselben von null verschiedenen Term
5. Logarithmieren bzgl. derselben Basis auf beiden Seiten, wobei vorausgesetzt wird, dass beide Seiten positiv sind.

BEISPIEL

$(x-3)^2 = (x+6)(x-6)$

(Binomische Formeln anwenden)

$\Leftrightarrow x^2-6x+9 = x^2-36 \qquad |-(x^2+9)$

(Subtrahieren desselben Terms auf beiden Seiten)

$\Leftrightarrow -6x = -45 \qquad |:(-6)$

(Dividieren mit derselben Zahl auf beiden Seiten)

$\Leftrightarrow x = 7{,}5;\quad L=\{7{,}5\}$

Die Probe beim Lösen von Gleichungen

Führt man beim Lösen einer Gleichung Umformungen durch, die keine Äquivalenzumformungen sind, so ist eine ***Probe*** erforderlich. Bei der Rechnung können nämlich Zahlen als „Lösungen" auftreten, die die Ausgangsgleichung nicht erfüllen. Bei der Probe werden die „errechneten Zahlen" in die linke und die rechte Seite der Ausgangsgleichung eingesetzt und beide Seiten werden getrennt voneinander berechnet. Ist das Ergebnis auf beiden Seiten gleich, dann ist die „errechnete Zahl" eine Lösung.

FEHLERQUELLE!

Quadrieren der beiden Seiten einer Gleichung ist *keine* Äquivalenzumformung!

BEISPIEL

$x = \sqrt{x + 20} \quad | \; (\ldots)^2$

$\Leftrightarrow x^2 = x + 20 \quad | -x - 20$

(Subtrahieren auf beiden Seiten:)

$\Leftrightarrow x^2 - x - 20 = 0 \quad |$ faktorisieren

$\Leftrightarrow (x - 5)(x + 4) = 0$

(Ein Produkt ist 0, wenn einer der Faktoren 0 ist.)

$\Leftrightarrow x = 5 \vee x = -4$

Probe für $x = 5$

Linke Seite: 5

Rechte Seite: $\sqrt{5 + 20} = \sqrt{25} = 5$

Die linke Seite ist gleich der rechten Seite. Also ist 5 eine Lösung der Gleichung.

Probe für $x = -4$

Linke Seite: -4

Rechte Seite: $\sqrt{-4 + 20} = \sqrt{16} = 4$

Die linke Seite ist *nicht* gleich der rechten Seite. Also ist -4 keine Lösung der Gleichung.

BEACHTE Von beiden berechneten Zahlenwerten ist nur 5 eine Lösung: $L = \{5\}$.

5.3 Lineare Gleichungen

Gleichungen, die sich durch Äquivalenzumformungen auf die Form

$\boldsymbol{a \cdot x + b = 0}$ mit $a, b \in \mathbb{R}$ und $a \neq 0$

bringen lassen, heißen ***lineare Gleichungen*** mit einer Variablen. In der Grundmenge $\mathbb{R}$ haben sie immer genau eine Lösung.

$a \cdot x + b = 0 \quad | -b$

$\Leftrightarrow a \cdot x = -b \quad | : a$

$\Leftrightarrow x = -\frac{b}{a}; \quad L = \left\{-\frac{b}{a}\right\}$

BEISPIELE

- $3 \cdot x + 15 = 0 \quad | -15$
  $\Leftrightarrow 3 \cdot x = -15 \quad | : 3$
  $\Leftrightarrow x = -5; \quad L = \{-5\}$
- $7 \cdot x - 25 = 4 \cdot x + 2 \quad | -(4 \cdot x + 2)$
  $\Leftrightarrow 7 \cdot x - 25 - (4 \cdot x + 2) = 0$
  $\Leftrightarrow 7 \cdot x - 25 - 4 \cdot x - 2 = 0$
  $\Leftrightarrow 3 \cdot x - 27 = 0 \quad | +27$
  $\Leftrightarrow 3 \cdot x = 27 \quad | : 3$
  $\Leftrightarrow x = 9; \quad L = \{9\}$
- $(8x + 7) : 2 + 12x = 3\,(x - 1)$
  $\Leftrightarrow 4x + 3{,}5 + 12x = 3x - 3$
  $\Leftrightarrow 16x + 3{,}5 = 3\,x - 3 \quad | -(3x - 3)$
  $\Leftrightarrow 16x + 3{,}5 - (3\,x - 3) = 0$
  $\Leftrightarrow 16x + 3{,}5 - 3\,x + 3 = 0$
  $\Leftrightarrow 13x + 6{,}5 = 0 \quad | -6{,}5$
  $\Leftrightarrow 13x = -6{,}5 \quad | : 13$
  $\Leftrightarrow x = -0{,}5; \quad L = \{-0{,}5\}$

SONDERFALL $b = 0$: $a \cdot x = 0$ besitzt die Lösung $x = 0$.

- $17 \cdot x = 0 \quad | : 17$
  $\Leftrightarrow x = 0; \quad L = \{0\}$

5.4 Quadratische Gleichungen

Reinquadratische Gleichungen

Gleichungen der Form

$x^2 = c$ mit $c \in \mathbb{R}$

heißen ***reinquadratische Gleichungen.***

BEISPIELE $x^2 = -4$; $x^2 = 0$; $x^2 = 2{,}25$

Da ein Quadrat entweder positiv oder null, aber nie negativ ist, sind drei Fälle zu unterscheiden (↗ Quadratwurzel, S. 58).

$x^2 = c$ mit $c \in \mathbb{R}$

1. Fall $c < 0$: $L = \{\,\}$. Die Gleichung hat *keine* Lösung.
2. Fall $c = 0$: $L = \{0\}$ Die Gleichung hat *genau eine* Lösung.
3. Fall $c > 0$: $x^2 = c \Leftrightarrow \sqrt{x^2} = \sqrt{c} \Leftrightarrow |x| = \sqrt{c}$
$\Leftrightarrow x = -\sqrt{c} \vee x = \sqrt{c}$;
$L = \{-\sqrt{c}; \sqrt{c}\}$ Die Gleichung hat *genau zwei* Lösungen.

5

BEISPIELE

- $x^2 = -7$; $L = \{\,\} \vee$
- Quadratische Gleichungen lassen sich manchmal durch Äquivalenzumformungen in reinquadratische umwandeln.
  $4x^2 - 9 = 0 \Leftrightarrow 4x^2 = 9$
  $\Leftrightarrow x^2 = 2{,}25$
  $\Leftrightarrow x = -1{,}5 \vee x = 1{,}5$; $L = \{-1{,}5; 1{,}5\}$

Allgemeine quadratische Gleichungen

Gleichungen, die sich durch Äquivalenzumformungen auf die Form $ax^2 + bx + x = 0$ mit $a, b, c \in \mathbb{R}$ und $a \neq 0$ bringen lassen, heißen ***quadratische Gleichungen.***

BEISPIELE

- $2x^2 - 4x - 30 = 0$; $a = 2$, $b = -4$, $c = -30$
- $-3x^2 + 6x = 0$; $a = -3$, $b = 6$, $c = 0$
- $0{,}5x^2 + 2{,}5 = 0$; $a = 0{,}5$ $b = 0$, $c = 2{,}5$

Ist $a = 1$, spricht man von der ***Normalform*** und schreibt:
$\boldsymbol{x^2 + px + q = 0}$ mit $p, q \in \mathbb{R}$.

Allgemeine Lösung mit quadratischer Ergänzung

Zuerst wird der Faktor $a \neq 0$ ausgeklammert.

$$ax^2 + bx + c = 0 \;\Leftrightarrow\; a\left(x^2 + \frac{b}{a}x + \frac{c}{a}\right) = 0$$

$x^2 + \frac{b}{a}x$ wird so ergänzt, dass der entstehende Term als Quadrat geschrieben werden kann:

$$\Leftrightarrow\; a\left(x^2 + \frac{b}{a}x + \left(\frac{b}{2a}\right)^2 - \left(\frac{b}{2a}\right)^2 + \frac{c}{a}\right) = 0$$

Binomische Formel (↗ S. 73) anwenden und zusammenfassen.

$$\Leftrightarrow\; a\left(\left(x + \frac{b}{2a}\right)^2 - \left(\frac{b^2}{4a^2} - \frac{4ac}{4a^2}\right)\right) = 0$$

$$\Leftrightarrow\; a\left(x + \frac{b}{2a}\right)^2 - a\left(\frac{b^2 - 4ac}{4a^2}\right) = 0 \;\Leftrightarrow\; \left(x + \frac{b}{2a}\right)^2 = \frac{b^2 - 4ac}{4a^2};$$

Über das weitere Vorgehen entscheidet jetzt das Vorzeichen der rechten Seite: Da $4a^2$ immer positiv ist, entscheidet $b^2 - 4ac$.

> $D = b^2 - 4ac$ heißt ***Diskriminante***
> der quadratischen Gleichung $ax^2 + bx + c = 0$.
> Bei der Normalform $x^2 + px + q = 0$: $D = \left(\frac{p}{2}\right)^2 - q$

Es treten 3 Fälle auf:

1. $D = b^2 - 4ac < 0$; $L = \{\,\}$
   Da das Quadrat auf der linken Seite der Gleichung nicht negativ sein kann, hat die quadratische Gleichung **keine Lösung.**

2. $D = b^2 - 4ac = 0$

Das Quadrat auf der linken Seite der Gleichung ist genau dann null, wenn der Wert der Klammer null ist.

$$\left(x + \frac{b}{2a}\right)^2 = 0 \Leftrightarrow \left(x + \frac{b}{2a}\right) = 0 \Leftrightarrow x = -\frac{b}{2a}$$

Die quadratische Gleichung hat **genau eine Lösung:**

$$L = \left\{-\frac{b}{2a}\right\}$$

3. $D = b^2 - 4ac > 0$

Da die rechte Seite positiv ist, kann man die Wurzel ziehen.

$$\left(x + \frac{b}{2a}\right)^2 = \frac{b^2 - 4ac}{4a^2} \Leftrightarrow \left(x + \frac{b}{2a}\right) = \pm\sqrt{\frac{b^2 - 4ac}{4a^2}}$$

$$\Leftrightarrow x = \frac{-b \pm \sqrt{b^2 - 4ac}}{2a} = \frac{-b \pm \sqrt{D}}{2a}$$

Die quadratische Gleichung hat genau **zwei Lösungen:**

$$L = \left\{\frac{-b \pm \sqrt{b^2 - 4ac}}{2a}\right\}$$

5

> In der Grundmenge ℝ hat eine quadratische Gleichung deshalb entweder *keine Lösung* oder *genau eine Lösung* oder *genau zwei Lösungen.*

BEISPIELE

- $-2x^2 + 12x - 24 = 0$
  $a = -2; \quad b = 12; \quad c = -24; \quad D = 12^2 - 4 \cdot (-2) \cdot (-24) = -48$
  $D = -48 < 0$, d. h., es gibt keine Lösung.
  $L = \{\}$.
- $0{,}5x^2 - 3x + 4{,}5 = 0$
  $a = 0{,}5; \quad b = -3; \quad c = 4{,}5; \quad D = (-3)^2 - 4 \cdot 0{,}5 \cdot 4{,}5 = 0$
  $D = 0$, d. h., es gibt genau eine Lösung.
  $x = -\frac{-3}{2 \cdot 0{,}5}; \quad x = 3;$
  $L = \{3\}$

- $-x^2 - 7x - 10 = 0$
  $a = -1; \quad b = -7; \quad c = -10; \quad D = (-7)^2 - 4 \cdot (-1) \cdot (-10) = 9$
  $D = 9 > 0$, d. h. es gibt genau zwei Lösungen.
  $x = \frac{-(-7) \pm \sqrt{9}}{2 \cdot (-1)} = \frac{7 \pm 3}{-2}; \quad x = -5 \vee x = -2; \quad L = \{-5; -2\}$

TIPP Oft erhält man die Lösung schneller durch Faktorisierung oder Anwendung binomischer Formeln.

BEISPIELE

- $x^2 - 2x - 15 = 0$ | faktorisieren
  $\Leftrightarrow (x - 5) \cdot (x + 3) = 0$
  $\Leftrightarrow x = 5 \vee x = -3$ $L = \{-3; 5\}$
- $x^2 + 4x + 4 = 0$ | 1. binomische Formel
  $\Leftrightarrow (x + 2)^2 = 0$
  $\Leftrightarrow (x + 2) = 0$
  $x = -2$ $L = \{-2\}$

Der Satz von Vieta

> Die reellen Zahlen x_1 und x_2 sind genau dann die Lösungen der quadratischen Gleichung $x^2 + px + q = 0$, wenn gilt:
> $x_1 + x_2 = -p$ und $x_1 \cdot x_2 = q$.
> Es gilt dann:
> $x^2 + px + q = (x - x_1) \cdot (x - x_2)$.

Der Satz von Vieta kann zum Faktorisieren benutzt werden.

BEISPIEL

$x^2 + 3x - 10 = 0; \quad p = 3; \quad q = -10$
Suche zwei Zahlen x_1 und x_2 mit $x_1 + x_2 = -3$ und $x_1 \cdot x_2 = -10$.
$x_1 = 2$ und $x_2 = -5$ erfüllen die Bedingungen.
Es gilt:
$x_1 + x_2 = 2 + (-5) = -3 = -p$
$x_1 \cdot x_2 = 2 \cdot (-5) = -10 = q$
$(x - 2) \cdot (x + 5) = 0 \Leftrightarrow x = 2 \vee x = -5$
$L = \{-5; 2\}$.

Biquadratische Gleichungen

Gleichungen, in denen neben Zahlen nur die Potenzen x^4 und x^2 vorkommen, heißen ***biquadratische Gleichungen.***

Durch ***Substitution*** (Ersetzung) von x^2 durch u lassen sie sich auf quadratische Gleichungen zurückführen.

BEISPIELE

- $x^4 - 3x^2 - 4 = 0$
  $\Leftrightarrow (x^2)^2 - 3(x^2) - 4 = 0$ | Substitution $u = x^2$
  $\Leftrightarrow u^2 - 3u - 4 = 0$ | Faktorisieren
  $\Leftrightarrow (u - 4) \cdot (u + 1) = 0$
  $\Leftrightarrow u - 4 = 0 \lor u + 1 = 0$
  $\Leftrightarrow u = 4 \lor u = -1$ | Rücksubstitution
  $\Leftrightarrow x^2 = 4 \lor x^2 = -1$
  (Die 2. Gleichung $x^2 = -1$ hat keine Lösung.)
  $\Leftrightarrow x = -2 \lor x = 2;$
  $L = \{-2; 2\}$
- $x^4 - 7x^2 + 10 = 0$
  $\Leftrightarrow (x^2)^2 - 7(x^2) + 10 = 0$ | Substitution $u = x^2$
  $\Leftrightarrow u^2 - 7u + 10 = 0$ | Faktorisieren
  $\Leftrightarrow (u - 5) \cdot (u - 2) = 0$
  $\Leftrightarrow u - 5 = 0 \lor u - 2 = 0$
  $\Leftrightarrow u = 5 \lor u = 2$ | Rücksubstitution
  $\Leftrightarrow x^2 = 5 \lor x^2 = 2$
  $\Leftrightarrow x = -\sqrt{5} \lor x = \sqrt{5} \lor x = -\sqrt{2} \lor x = \sqrt{2};$
  $L = \{-\sqrt{5}; -\sqrt{2}; \sqrt{2}; \sqrt{5}\}$

5.5 Bruchgleichungen

Eine Gleichung, bei der die Variable im Nenner eines Bruches auftritt, heißt ***Bruchgleichung.***

BEISPIELE $\frac{2}{x} = 4;\quad \frac{2}{2-x} = \frac{x}{x-1};\quad \frac{2-x}{x^2-4} = 2 - \frac{x}{x+2}$

FEHLERQUELLE! Bei Bruchgleichungen ist zuerst die ***Definitionsmenge*** D zu bestimmen (↗ S. 75). Es müssen alle Zahlen ausgeschlossen werden, die nach dem Einsetzen einen Nennerwert null verursachen.

BEISPIELE ($G = \mathbb{R}$)

- $\frac{2}{x} = 4$; Nenner gleich 0 für $x = 0$; $D = \mathbb{R}\setminus\{0\}$
- $\frac{2}{2-x} = \frac{x}{x-1}$; Nenner gleich 0, wenn
  $2 - x = 0 \Leftrightarrow x = 2$ oder $x - 1 = 0 \Leftrightarrow x = 1$; $D = \mathbb{R}\setminus\{1; 2\}$
- $\frac{2-x}{x^2-4} = 2 - \frac{x}{x+2}$; Nenner gleich 0, wenn
  $x^2 - 4 = 0 \Leftrightarrow (x+2)(x-2) = 0 \Leftrightarrow x = -2 \lor x = 2$
  oder $x + 2 = 0 \Leftrightarrow x = -2$; $D = \mathbb{R}\setminus\{-2; 2\}$

Durch Multiplikation der Gleichung mit dem Hauptnenner der auftretenden Brüche erhält man eine bruchfreie Gleichung, die dann gelöst wird.

FEHLERQUELLE! Diese Umformung ist keine Äquivalenzumformung in $\mathbb{R}$. Die Lösungen müssen in der Definitionsmenge liegen.

BEISPIELE

- $\frac{2}{x} = 4$; ($D = \mathbb{R}\setminus\{0\}$) $\quad | \cdot x$
  $2 = 4x$; $\quad | : 4$
  $0{,}5 = x$. Da $0{,}5 \in D$, ist $L = \{0{,}5\}$.
- $\frac{2}{2-x} = \frac{x}{x-1}$; ($D = \mathbb{R}\setminus\{1;2\}$) $\quad | \cdot (2-x)(x-1)$
  $2(x-1) = x(2-x)$ $\quad$ | ausmultiplizieren
  $\Leftrightarrow 2x - 2 = 2x - x^2$ $\quad | -2x + x^2 + 2$
  $\Leftrightarrow x^2 = 2$
  $\Leftrightarrow x = -\sqrt{2} \lor x = \sqrt{2}$
  Da $-\sqrt{2} \in D$ und $\sqrt{2} \in D$ ist $L = \{-\sqrt{2}; \sqrt{2}\}$

- $\frac{2-x}{x^2-4} = 2 - \frac{x}{x+2}; (D = \mathbb{R} \setminus \{-2; 2\})$
  Der Hauptnenner ist $x^2 - 4 = (x + 2)(x - 2)$
  Multiplizieren mit dem Hauptnenner ergibt:
  $2 - x \qquad = 2(x^2 - 4) - x(x - 2)$
  $\Leftrightarrow 2 - x \qquad = 2x^2 - 8 - x^2 + 2x$
  $\Leftrightarrow x^2 + 3x - 10 \quad = 0$
  $\Leftrightarrow (x + 5)(x - 2) = 0$
  $\Leftrightarrow x = -5 \vee x = 2;$
  Da $-5 \in D$ und $2 \notin D$ ist $L = \{-5\}$.

Wie die Beispiele zeigen, können aus Bruchgleichungen oft lineare oder quadratische Gleichungen entstehen.

5.6 Wurzelgleichungen

Gleichungen, bei denen die Variable unter einer Wurzel auftritt, heißen ***Wurzelgleichungen.***

BEISPIELE

- $\sqrt{2x + 1} = x + 1$
- $1 + \sqrt{5x - 1} = x + 3{,}5$
- $\sqrt{x^2 - 6} = \sqrt{2x + 2}$
- $2x - \sqrt{12x + 45} - 3$
- $\sqrt{2x - 1} = 2 - \sqrt{x}$

Beim Lösen wird die Gleichung so umgestellt, dass der Wurzelterm auf einer Seite alleine steht. Dann werden beide Seiten der Gleichung quadriert. Dadurch wird die Wurzel beseitigt. In komplizierteren Fällen (↗ Beispiel S. 98) muss dieses Verfahren wiederholt werden, bis die Gleichung wurzelfrei ist.

FEHLERQUELLE! Das Quadrieren ist keine Äquivalenzumformung. Es ist deshalb die Probe mit den „berechneten Lösungen“ erforderlich.

BEISPIELE

- $\sqrt{2x+1} = x + 1$ | quadrieren
  $\Leftrightarrow 2x + 1 = (x + 1)^2$
  $\Leftrightarrow 2x + 1 = x^2 + 2x + 1$
  $\Leftrightarrow x^2 = 0 \Leftrightarrow x = 0;$
  - *Probe:*
    Linke Seite: $\sqrt{2 \cdot 0 + 1} = \sqrt{1} = 1$
    Rechte Seite: $0 + 1 = 1$
    Beide Seiten sind gleich.

  $L = \{0\}$.
- $1 + \sqrt{5x-1} = x + 3{,}5;$ | −1
  $\sqrt{5x-1} = x + 2{,}5;$ | quadrieren
  $5x - 1 = (x + 2{,}5)^2$
  $\Leftrightarrow 5x - 1 = x^2 + 5x + 6{,}25$ | $-5x - 6{,}25$
  $\Leftrightarrow -7{,}25 = x^2;$ $L = \{\}$.
- $\sqrt{x^2-6} = \sqrt{2x+2};$ | quadrieren
  $x^2 - 6 = 2x + 2$ | $-2x - 2$
  $\Leftrightarrow x^2 - 2x - 8 = 0$ | faktorisieren
  $\Leftrightarrow (x-4)(x+2) = 0$
  $\Leftrightarrow x = 4 \vee x = -2$
  - *Probe für $x = 4$:*
    Linke Seite: $\sqrt{4^2 - 6} = \sqrt{10}$
    Rechte Seite: $\sqrt{2 \cdot 4 + 2} = \sqrt{10}$
    Beide Seiten sind gleich, 4 ist eine Lösung.
  - *Probe für $x = -2$:*
    Linke Seite: $\sqrt{(-2)^2 - 6} = \sqrt{-2}$ ist nicht definiert!
    −2 ist keine Lösung.

  $L = \{4\}$.

BEACHTE Da die „berechnete Lösung“ −2 im letzten Beispiel einen negativen Radikanden erzeugt, ist sie also keine Lösung der Wurzelgleichung.

- Im folgenden Beispiel erhält man für die eine „berechnete Lösung“ verschiedene Ergebnisse für die linke und rechte Seite der Wurzelgleichung. Auch diese Zahl ist dann keine Lösung.

$$2x = \sqrt{12x + 45} - 3 \qquad | + 3$$
$$2x + 3 = \sqrt{12x + 45} \qquad | \text{ quadrieren}$$
$$(2x + 3)^2 = 12x + 45$$
$$\Leftrightarrow 4x^2 + 12x + 9 = 12x + 45 \qquad | - 12x - 45$$
$$\Leftrightarrow 4x^2 - 36 = 0 \qquad | + 36 \quad | : 4$$
$$\Leftrightarrow x^2 = 9$$
$$\Leftrightarrow x = -3 \vee x = 3$$

- *Probe* für $x = -3$:
  Linke Seite: $2 \cdot (-3) = -6$
  Rechte Seite: $\sqrt{12 \cdot (-3) + 45} - 3 = \sqrt{(-36) + 45} - 3$
  $= \sqrt{9} - 3 = 3 - 3 = 0$

  Beachte Beide Seiten sind verschieden. -3 ist keine Lösung.
- *Probe für* $x = 3$:
  Linke Seite: $2 \cdot 3 = 6$
  Rechte Seite: $\sqrt{12 \cdot 3 + 45} - 3 = \sqrt{36 + 45} - 3$
  $= \sqrt{81} - 3 = 9 - 3 = 6$

  Beide Seiten sind gleich. 3 ist eine Lösung.

$L = \{3\}$.

- Im folgenden Beispiel muss zweimal quadriert werden, um die Gleichung wurzelfrei zu erhalten.

$$\sqrt{2x-1} = 2 - \sqrt{x} \qquad | \text{ quadrieren}$$
$$2x - 1 = 4 - 4\sqrt{x} + x \qquad | -4 - x$$
$$x - 5 = -4\sqrt{x} \qquad | \text{ quadrieren}$$
$$x^2 - 10x + 25 = 16x \qquad | -16x$$
$$\Leftrightarrow \quad x^2 - 26x + 25 = 0$$
$$\Leftrightarrow \quad (x-25)(x-1) = 0$$
$$\Leftrightarrow \quad x = 25 \lor x = 1$$

- *Probe* für $x = 25$:
  Linke Seite: $\sqrt{2 \cdot 25 - 1} = \sqrt{49} = 7$
  Rechte Seite: $2 - \sqrt{25} = 2 - 5 = -3$
  Beachte Beide Seiten sind verschieden: 25 ist keine Lösung.
- *Probe* für $x = 1$:
  Linke Seite: $\sqrt{2 \cdot 1 - 1} = \sqrt{1} = 1$
  Rechte Seite: $2 - \sqrt{1} = 2 - 1 = 1$
  Beide Seiten sind gleich, 1 ist eine Lösung.

$L = \{1\}$.

5.7 Gleichungen mit Beträgen

Gleichungen, bei denen die Variable zwischen Betragsstrichen (↗ S. 83) auftritt, werden in der Regel durch Fallunterscheidungen gelöst. Hierbei gilt für einen Term $T(x)$:

$$|T(x)| = \begin{cases} T(x), & \text{falls } T(x) \geq 0 \\ -T(x), & \text{falls } T(x) < 0 \end{cases}$$

BEISPIEL

$|2x - 5| = 4 \qquad |$ Fallunterscheidung

1. Fall:

$2x - 5 \geq 0$, d. h. $x \geq 2{,}5$

$2x - 5 = 4 \qquad | + 5$

$\Leftrightarrow\ 2x = 9 \qquad | :2$

$\Leftrightarrow\ \mathbf{x = 4{,}5}$

$4{,}5 \geq 2{,}5;\quad \text{also } L_1 = \{4{,}5\}$

2. Fall:

$2x - 5 < 0$, d. h. $\mathbf{x < 2{,}5}$

$-(2x - 5) = 4 \qquad | \cdot (-1)$

$2x - 5 = -4 \qquad | +5$

$\Leftrightarrow\ 2x = 1 \qquad | :2$

$\Leftrightarrow\ \mathbf{x = 0{,}5}$

$0{,}5 < 2{,}5;\quad \text{also } L_2 = \{0{,}5\}$

$L = L_1 \cup L_2 = \{0{,}5;\ 4{,}5\}$

TIPP Bei den Gleichungen mit Betragstrichen kann man auch darauf verzichten, die Ungleichungen der einzelnen Fälle nach x aufzulösen, und stattdessen mit allen „errechneten Lösungen" die Probe durchführen.

5

BEISPIEL zum Tipp – die *Probe* zum obigen Beispiel:

$x = 4{,}5$: Linke Seite: $|2 \cdot 4{,}5 - 5| = |9 - 5| = |4| = 4$

$x = 0{,}5$; Linke Seite: $|2 \cdot 0{,}5 - 5| = |1 - 5| = |-4| = 4$

Rechte Seite: 4

4,5 und 0,5 sind also Lösungen.

5.8 Formeln auflösen

Formeln sind Gleichungen, in denen Buchstaben für verschiedene Größen auftreten. Diese Formeln müssen oft nach der gesuchten Größe aufgelöst werden. Dabei geht man genauso vor, wie beim Auflösen einer Gleichung nach der Unbekannten x, man benötigt die Äquivalenzumformungen (↗ S. 72). Die folgenden Beispiele zeigen typische Aufgabenstellungen.

BEISPIELE

- Flächeninhalt A eines Rechtecks ist Länge a mal Breite b.
  Gegeben: A, a;
  gesucht: $\boldsymbol{b}$;
  Formel: $A = a \cdot \boldsymbol{b}$
  Die Formel muss nach $\boldsymbol{b}$ aufgelöst werden.

$$A = a \cdot \boldsymbol{b} \qquad | : a$$
$$A : a = \boldsymbol{b} \qquad | \text{ Seiten vertauschen}$$
$$\boldsymbol{b} = A : a$$

BEACHTE Tritt die gesuchte Größe mehrfach in der Formel auf, müssen erst die Terme mit dieser Größe zusammengefasst werden.

- Oberfläche eines Quaders A_Q, Länge l, Höhe h und Breite $\boldsymbol{b}$
  Gegeben: A_Q, l, h;
  gesucht: $\boldsymbol{b}$;
  Formel: $A_Q = 2 \cdot (l \cdot \boldsymbol{b} + l \cdot h + \boldsymbol{b} \cdot h)$
  Die Formel muss nach $\boldsymbol{b}$ aufgelöst werden.

$$A_Q = 2 \cdot (l \cdot \boldsymbol{b} + l \cdot h + \boldsymbol{b} \cdot h) \qquad | : 2$$
$$A_Q : 2 = l \cdot \boldsymbol{b} + l \cdot h + \boldsymbol{b} \cdot h \qquad | - l \cdot h$$
$$A_Q : 2 - l \cdot h = l \cdot \boldsymbol{b} + \boldsymbol{b} \cdot \mathrm{h} \qquad | \ \boldsymbol{b} \text{ ausklammern}$$
$$A_Q : 2 - l \cdot h = \boldsymbol{b} \cdot (l + h) \qquad | : (l + h)$$
$$\frac{A_Q : 2 - l \cdot h}{l + h} = \boldsymbol{b} \qquad | \text{ Seiten vertauschen}$$
$$\boldsymbol{b} = \frac{A_Q : 2 - l \cdot h}{l + h}$$

- Satz des PYTHAGORAS. Hypotenuse $\boldsymbol{c}$, Katheten $\boldsymbol{a}$ und $\boldsymbol{b}$
  Gegeben: c, a;
  gesucht: $\boldsymbol{b}$; Formel: $a^2 + \boldsymbol{b}^2 = c^2$
  Die Formel muss nach $\boldsymbol{b}$ aufgelöst werden.

$$a^2 + \boldsymbol{b}^2 = c^2 \qquad | - a^2$$
$$\boldsymbol{b}^2 = c^2 - a^2 \qquad | \text{ Wurzel ziehen}$$
$$\boldsymbol{b} = \sqrt{c^2 - a^2}$$

- Geschwindigkeit v ist Weg s durch Zeit $\boldsymbol{t}$.
  Gegeben: v, s;
  gesucht: $\boldsymbol{t}$; Formel: $v = s : \boldsymbol{t}$
  Die Formel muss nach $\boldsymbol{t}$ aufgelöst werden.

$$v = s : \boldsymbol{t} \qquad | \cdot \boldsymbol{t}$$
$$v \cdot \boldsymbol{t} = s \qquad | : v$$
$$\boldsymbol{t} = s : v$$

Tipp Statt der Quotienten können auch Brüche geschrieben werden.

- Widerstand R ist Spannung U durch Stromstärke $\boldsymbol{I}$.
  Gegeben: R, U;
  gesucht: I; Formel: $R = \frac{U}{\boldsymbol{I}}$
  Die Formel muss nach $\boldsymbol{I}$ aufgelöst werden.

$$R = \frac{U}{\boldsymbol{I}} \qquad | \cdot \boldsymbol{I}$$
$$R \cdot \boldsymbol{I} = \frac{U}{\boldsymbol{I}} \cdot \boldsymbol{I} \qquad | \text{ mit } \boldsymbol{I} \text{ rechts kürzen}$$
$$R \cdot \boldsymbol{I} = U \qquad | : R$$
$$\frac{R \cdot \boldsymbol{I}}{R} = \frac{U}{R} \qquad | \text{ mit } R \text{ links kürzen}$$
$$\boldsymbol{I} = \frac{U}{R}$$

- Zinsen Z, Kapital $\boldsymbol{K}$, Zinssatz p, Laufzeit t in Tagen
  Gegeben: Z, p, t;
  Gesucht: $\boldsymbol{K}$; Formel: $Z = \frac{\boldsymbol{K} \cdot p \cdot t}{100 \cdot 360}$
  Die ***Zinsformel*** muss nach K aufgelöst werden.

$$Z = \frac{\boldsymbol{K} \cdot p \cdot t}{100 \cdot 360} \qquad | \cdot 100 \cdot 360$$
$$Z \cdot 100 \cdot 360 = \boldsymbol{K} \cdot p \cdot t \qquad | : (p \cdot t)$$
$$\frac{Z \cdot 100 \cdot 360}{p \cdot t} = \boldsymbol{K} \qquad | \text{ Seiten vertauschen}$$
$$\boldsymbol{K} = \frac{Z \cdot 100 \cdot 360}{p \cdot t}$$

Teste dein Wissen!

Kapitel „Gleichungen“	O.K. ✓	Das muss ich noch mal lesen
Ich kann Äquivalenzumformungen für Gleichungen angeben.		S. 86
Ich kann lineare Gleichungen sicher lösen.		S. 88
Ich kann die Anzahl der Lösungen einer quadratischen Gleichung ermitteln.		S. 89–91
Ich kann eine quadratische Gleichung durch quadratische Ergänzung lösen.		S. 90
Ich kann eine quadratische Gleichung anhand einer Lösungsformel lösen.		S. 90, 91
Ich kann eine quadratische Gleichung durch Faktorisierung lösen.		S. 92
Ich kann biquadratische Gleichungen durch Substitution lösen.		S. 93
Ich kann Bruchgleichungen lösen.		S. 93–95
Ich kann Wurzelgleichungen lösen.		S. 95–98
Ich kann Gleichungen mit Beträgen durch Fallunterscheidung lösen.		S. 98–99
Ich kann Formeln nach der gesuchten Unbekannten auflösen.		S. 99–101

Gleichungssysteme

6.1 Lineare Gleichungssysteme

Eine Und-Verknüpfung von zwei oder mehreren Gleichungen heißt *Gleichungssystem.*

BEISPIELE $(G = \mathbb{R})$

- (I) $3x + y = 6 \wedge$ (II) $5x - 4y = -7$
- (I) $3x = 6 \wedge$ (II) $x - 4y = -6$
- (I) $y = -1 \wedge$ (II) $2x - 4y = 3$
- (I) $2x - 3y = -4 \wedge$ (II) $-4x + 6y = 8$
- (I) $-2x + 3y + 5 = 0 \wedge$ (II) $6x - 9y = 10$

Wir beschränken uns auf lineare Gleichungssysteme mit zwei Gleichungen und zwei Variablen x und y. Die angegebene Grundmenge G gilt jeweils für beide Variablen.

Die Lösungen einer Gleichung mit zwei Variablen sind Zahlenpaare. Wir vereinbaren, dass die erste Zahl des Paares der Variablen x zugeordnet wird und die zweite Zahl des Paares der Variablen y.
Setzt man in der Gleichung
$2x - 3y = -4$
für $x = 1$ und $y = 2$, ein, so erhält man die wahre Aussage
$2 \cdot 1 - 3 \cdot 2 = -4$.

Das Zahlenpaar $(1|2)$ ist also eine Lösung der Gleichung. $(-2|0)$ und $(4|4)$ sind weitere Lösungen. Diese Gleichung besitzt unendlich viele Zahlenpaare als Lösungen. Häufig werden die Zahlen der Zahlenpaare auch mit einem Strichpunkt getrennt, z.B. $(1; 2)$.

Jede lineare Gleichung mit zwei Variablen x und y lässt sich durch Äquivalenzumformungen auf die Form
$ax + by = c$

mit Zahlen a, b und c bringen, wobei $(a|b) \neq (0|0)$, d. h. a und b nicht beide gleichzeitig null sind. In dieser Grundform wollen wir die linearen Gleichungen für die Gleichungssysteme verwenden.

Für die reellen Zahlen a_1, b_1, c_1, a_2, b_2 und c_2 heißt
(I) $a_1 x + b_1 y = c_1$ mit $(a_1|b_1) \neq (0|0) \wedge$
(II) $a_2 x + b_2 y = c_2$ mit $(a_2|b_2) \neq (0|0)$
lineares Gleichungssystem aus zwei Gleichungen mit zwei Variablen (über der Grundmenge $G = \mathbb{R}$).

(Die römischen Zahlen I und II in Klammern vor den Gleichungen dienen zu deren Nummerierung.)
Die Zahlen a_1, b_1, a_2 und b_2 heißen ***Koeffizienten***.

Die Beispiele auf der vorherigen Seite sind lineare Gleichungssysteme. Im Beispiel 2 ist $b_1 = 0$ und im Beispiel 3 ist $a_1 = 0$, sodass die Variable y bzw. x in der ersten Gleichung nicht auftritt. Im Beispiel 5 ist die Gleichung (I) nicht in der Grundform gegeben.

Die grafische Darstellung der Lösungsmenge einer linearen Gleichung mit zwei Variablen ergibt im x-y-Koordinatensystem eine Gerade (↗ Pocket Teacher Mathematik: Funktionen).
Da die Lösungsmenge eines linearen Gleichungssystems gleich der Schnittmenge der Lösungsmengen der einzelnen Gleichungen ist, entspricht ihr in der grafischen Darstellung die Schnittmenge zweier Geraden. Folglich ist die Lösungsmenge eines linearen Gleichungssystems entweder *leer* oder *einelementig* oder sie besitzt *unendlich viele Elemente*.

6.2 Lösungsverfahren für lineare Gleichungssysteme

Es werden hier drei Verfahren dargestellt:
- das *Einsetzungsverfahren,*
- das *Gleichsetzungsverfahren,*
- das *Additionsverfahren.*

Sie werden auf dasselbe Beispiel angewendet.

Das Einsetzungsverfahren

Eine der beiden Gleichungen wird nach einer Variablen aufgelöst. Der ermittelte Term wird für diese Variable in die andere Gleichung eingesetzt. So erhält man eine lineare Gleichung mit *einer* Variablen, die gelöst wird. Mit der Lösung dieser Variablen wird die andere Variable berechnet.

(I) $3x + y = 6$
(II) $5x - 4y = -7$

Gleichung (I) nach y auflösen:
(I) $3x + y = 6 \;\Leftrightarrow\;$ (I') $y = -3x + 6$

Die rechte Seite von Gleichung (I') für y in Gleichung (II) einsetzen:

(I') in (II) $5x - 4\,(-3x + 6) = -7$
$\Leftrightarrow \quad 5x + 12x - 24 = -7$
$\Leftrightarrow \quad 17x = 17 \quad \Leftrightarrow \quad \mathbf{x = 1},$

1 für x in Gleichung (I') einsetzen:
$\Leftrightarrow$ $x = 1$ in (I') $y = -3 \cdot 1 + 6 \quad \Leftrightarrow \quad \mathbf{y = 3}.$

Das Zahlenpaar $(1\,|\,3)$ ist die Lösung des Gleichungssystems:
$L = \{(1\,|\,3)\}$.

TIPP Dieses Verfahren ist besonders geeignet, wenn eine der Gleichungen nur eine Variable enthält.

BEISPIEL

(I) $y = -1$ | Gleichung (I) ist bereits aufgelöst.
(II) $2x - 4y = 3$

(I) in (II) $2x - 4 \cdot (-1) = 3 \Leftrightarrow \boldsymbol{x = -0{,}5}$

Das Zahlenpaar $(-0{,}5 \mid -1)$ ist die Lösung des Gleichungssystems: $L = \{(-0{,}5 \mid -1)\}$.

Das Gleichsetzungsverfahren

Beide Gleichungen werden nach derselben Variablen aufgelöst. Die ermittelten Terme für diese Variable werden gleichgesetzt. So erhält man eine lineare Gleichung mit einer Variablen, die gelöst wird. Mit der Lösung dieser Variablen wird die andere Variable berechnet.

(I) $3x + y = 6$
(II) $5x - 4y = -7$

Gleichung (I) nach y auflösen:
(I) $3x + y = 6 \quad \Leftrightarrow$ (I') $y = -3x + 6$,

Gleichung (II) nach y auflösen:
(II) $5x - 4y = -7 \quad \Leftrightarrow$ (II') $y = 1{,}25x + 1{,}75$.

Die rechten Seiten der Gleichungen (I') und (II') gleichsetzen:
(I') = (II') $-3x + 6 = 1{,}25x + 1{,}75$
$\Leftrightarrow \quad -4{,}25x = -4{,}25 \quad \Leftrightarrow \boldsymbol{x = 1}$.

y berechnet man jetzt am einfachsten mit dem Einsetzungsverfahren.

1 für x in Gleichung (I') einsetzen:
$x = 1$ in (I') $y = -3 \cdot 1 + 6 \quad \Leftrightarrow \boldsymbol{y = 3}$.

Das Zahlenpaar $(1 \mid 3)$ ist die Lösung des Gleichungssystems: $L = \{(1 \mid 3)\}$.

BEISPIEL

(I) $3x - y = 8 \quad \Leftrightarrow \quad$ (I') $y = 3x - 8$

(II) $2x + y = 2 \quad \Leftrightarrow \quad$ (II') $y = -2x + 2$

(Nach y auflösen und gleichsetzen:)

(I') = (II') $\quad 3x - 8 = -2x + 2 \quad \Leftrightarrow \quad 5x = 10 \quad \Leftrightarrow \quad \mathbf{x = 2}$

(Die Lösung der Variablen x in Gleichung (II') einsetzen:)

$x = 2$ in (II') $\quad y = -2 \cdot 2 + 2 \quad \Leftrightarrow \quad \mathbf{y = -2}$

$L = \{(2 \mid -2)\}$

Das Additionsverfahren

Man multipliziert beide Gleichungen so, dass eine Variable in den beiden entstehenden Gleichungen bis auf das entgegengesetzte Vorzeichen den gleichen Koeffizienten hat.

(I)	$3x + y = 6$	$\mid \cdot 5$
(II)	$5x - 4y = -7$	$\mid \cdot (-3)$

Dann addiert man die entstandenen Gleichungen, wobei diese Variable herausfällt. Man erhält so eine lineare Gleichung mit einer Variablen, die gelöst wird.

(I')	$15x + 5y = 30$
(II')	$-15x + 12y = 21$
(I') + (II')	$17y = 51$
	$\mathbf{y = 3}$

Nun wendet man dieses Verfahren auf die andere Variable an.

(I)	$3x + y = 6$	$\mid \cdot 4$
(II)	$5x - 4y = -7$	$\mid \cdot 1$

(I'')	$12x + 4y = 24$
(II'')	$5x - 4y = -7$
(I'') + (II'')	$17x = 17$
	$\mathbf{x = 1}$

$L = \{(1 \mid 3)\}$

TIPP Man kann das Einsetzungsverfahren, das Gleichsetzungsverfahren und das Additionsverfahren auch kombinieren.

Die folgenden Gleichungssysteme werden ohne erläuternden Text gelöst. Dabei treten zwei *Sonderfälle* auf:

1. ***äquivalente Gleichungen*** im linearen Gleichungssystem,
2. ***unvereinbare Gleichungen*** im linearen Gleichungssystem.

BEISPIELE

- (I) $3x = 6$
  (II) $x - 4y = -6$

  Einsetzungsverfahren:
  (I') $\mathbf{x = 2}$
  (I') in (II) $2 - 4y = -6 \Leftrightarrow \mathbf{y = 2}$

  $L = \{(2|2)\}$

- (I) $2x - 3y = -4 \quad | \cdot 2$
  (II) $-4x + 6y = -8$

  Additionsverfahren:
  (I') $4x - 6y = -8$
  (II) $-4x + 6y = 8$
  (I') + (II) $0 = 0$

  Sonderfall Dies ist eine *wahre Aussage.*

  Da die Gleichungen (I) und (II) hier *äquivalent* sind [$-2 \cdot$ (I) = (II)], gibt es *unendlich viele Lösungen:*

  $L = \{(x|y) \mid x, y \in \mathbb{R} \wedge 2x - 3y = -4\}$.

- (I) $-2x + 3y + 5 = 0 \quad | -5 \quad | \cdot 3$
  (II) $6x - 9y = 10$

  Additionsverfahren:

  (I') $-6x + 9y = -15$
  (II) $6x - 9y = 10$
  (I') + (II) $0 = -5$

  Sonderfall Dies ist eine *falsche Aussage*. Da die Gleichungen (I) und (II) hier unvereinbar sind, gibt es *keine* Lösungen:

  $L = \{ \}$.

6.3 Lösungsformel für lineare Gleichungssysteme

Wir betrachten das lineare Gleichungssystem
(I) $a_1x + b_1y = c_1$
(II) $a_2x + b_2y = c_2$
mit reellen Zahlen a_1, b_1, c_1, a_2, b_2 und c_2 (über der Grundmenge $G = \mathbb{R}$).

Es wird zunächst vorausgesetzt, dass die Koeffizienten a_1, b_1, a_2 und b_2 von null verschieden sind. Dann ist das Additionsverfahren durchführbar.

		1. Schritt		*2. Schritt*
(I)	$a_1x + b_1y = c_1$	$\| \cdot b_2$	bzw.	$\| \cdot (-a_2)$
(II)	$a_2x + b_2y = c_2$	$\| \cdot (-b_1)$	bzw.	$\| \cdot a_1$

1. Schritt:

(I') $a_1b_2x + b_1b_2y = b_2c_1$

(II') $-a_2b_1x - b_1b_2y = -b_1c_2$

(I') + (II') $(a_1b_2 - a_2b_1)x = (b_2c_1 - b_1c_2)$

Ist $a_1b_2 - a_2b_1 \neq 0$, kann die Gleichung damit dividiert werden:

$$x = \frac{b_2c_1 - b_1c_2}{a_1b_2 - a_2b_1}.$$

2. Schritt:

(I'') $-a_1a_2\,x - a_2b_1y = -a_2c_1$

(II'') $a_1a_2\,x + a_1b_2y = a_1c_2$

(I'') + (II'') $(a_1b_2 - a_2b_1)y = (a_1c_2 - a_2c_1)$

Ist $a_1b_2 - a_2b_1 \neq 0$, kann die Gleichung damit dividiert werden:

$$y = \frac{a_1c_2 - a_2c_1}{a_1b_2 - a_2b_1}.$$

Das lineare Gleichungssystem

(I) $a_1x + b_1y = c_1$ mit $(a_1|b_1) \neq (0|0)$ $\wedge$

(II) $a_2x + b_2y = c_2$ mit $(a_2|b_2) \neq (0|0)$

mit reellen Zahlen a_1, b_1, c_1, a_2, b_2 und c_2 besitzt über der Grundmenge $G = \mathbb{R}$

- *genau eine Lösung,* wenn $a_1b_2 - a_2b_1 \neq 0$.
  Die Lösungsterme sind dann:
  $x = \frac{b_2c_1 - b_1\,c_2}{a_1\,b_2 - a_2\,b_1}$ und $y = \frac{a_1\,c_2 - a_2\,c_1}{a_1\,b_2 - a_2\,b_1}$.
- *keine Lösung,* wenn $a_1\,b_2 - a_2\,b_1 = 0$ und $b_2\,c_1 - b_1\,c_2 \neq 0$ oder $a_1c_2 - a_2\,c_1 \neq 0$.
- *unendlich viele Lösungen,* wenn $a_1\,b_2 - a_2\,b_1 = 0$ und $b_2\,c_1 - b_1\,c_2 = 0$ und $a_1\,c_2 - a_2\,c_1 = 0$. Dann gilt: $L = \{(x|y) | x, y \in \mathbb{R} \wedge a_1\,x + b_1\,y = c_1\}$.

BEISPIELE

■ (I) $8x - 13y = 5 \quad | a_1 = 8; \quad b_1 = -13; \quad c_1 = 5$
(II) $-4x + 9y = 5 \quad | a_2 = -4; \quad b_2 = 9; \quad c_2 = 5$

$$a_1 b_2 - a_2 b_1 = 8 \cdot 9 - (-4) \cdot (-13) = 20 \neq 0$$

$$x = \frac{b_2 c_1 - b_1 c_2}{a_1 b_2 - a_2 b_1} = \frac{9 \cdot 5 - (-13) \cdot 5}{20} = 5{,}5$$

$$y = \frac{a_1 c_2 - a_2 c_1}{a_1 b_2 - a_2 b_1} = \frac{8 \cdot 5 - (-4) \cdot 5}{20} = 3$$

$L = \{(5{,}5 \,|\, 3)\}$

■ (I) $8x - 12y = 5 \quad | a_1 = 8; \quad b_1 = -12; \quad c_1 = 5$
(II) $-6x + 9y = 4 \quad | a_2 = -6; \quad b_2 = 9; \quad c_2 = 4$

$a_1 b_2 - a_2 b_1 = 8 \cdot 9 - (-6) \cdot (-12) = 0$ und
$b_2 c_1 - b_1 c_2 = 9 \cdot 5 - (-12) \cdot 4 = 93 \neq 0$, also $L = \{\ \}$

■ (I) $8x - 12y = 10 \quad | a_1 = 8; \quad b_1 = -12; \quad c_1 = 10$
(II) $-6x + 9y = 7{,}5 \quad | a_2 = -6; \quad b_2 = 9; \quad c_2 = 7{,}5$

$a_1 b_2 - a_2 b_1 = 8 \cdot 9 - (-6) \cdot (-12) = 0$ und
$b_2 c_1 - b_1 c_2 = 9 \cdot 10 - (-12) \cdot (-7{,}5) = 0$,
$a_1 c_2 - a_2 c_1 = 8 \cdot (-7{,}5) - (-6) \cdot 10 = 0$,
also $L = \{(x \,|\, y) \,|\, x, y \in \mathbb{R} \wedge 8x - 12y = 10\}$.

Teste dein Wissen!

Kapitel „Gleichungssysteme“	O.K. ✓	Das muss ich noch mal lesen
Ich kann erklären, was ein Gleichungssystem ist.		S. 103, 104
Ich kann lineare Gleichungssysteme mit dem Einsetzungsverfahren lösen.		S. 105, 106
Ich kann lineare Gleichungssysteme mit dem Gleichsetzungsverfahren lösen.		S. 106, 107
Ich kann lineare Gleichungssysteme mit dem Additionsverfahren lösen.		S. 107, 108
Ich kann lineare Gleichungssysteme mit der Lösungsformel sicher lösen.		S. 109–111
Ich kann die Anzahl der Lösungen eines linearen Gleichungssystems ermitteln.		S. 110

Ungleichungen

7.1 Grundbegriffe und Äquivalenzumformungen

Verbindet man zwei Terme durch eines der ***Relationszeichen*** <, >, ≤ oder ≥, so entsteht eine ***Ungleichung.*** Der Term vor diesem Zeichen heißt linke Seite der Ungleichung, der Term hinter diesem Zeichen entsprechend rechte Seite der Ungleichung. Wie bei den Gleichungen (↗ S. 85 ff.) treten ***wahre*** oder ***falsche Aussagen*** oder Ungleichungen mit ***Grundmenge*** *G* und ***Lösungsmenge*** *L* auf. Zwei Ungleichungen heißen über einer gegebenen Grundmenge ***äquivalent,*** wenn sie dieselbe Lösungsmenge besitzen.

BEISPIELE

- $17 - 5 \geq 3 \cdot 4$; (wahr)
- $15 : 3 < 12 - 9$; (falsch)
- $-7y + 4 \leq -17$; $G = \mathbb{R}$; $L = [3; \infty[$
- $8x - 4y \geq 2$; $G = \mathbb{R}$; $L = \{(x|y) \mid x, y \in \mathbb{R} \wedge y \leq 2x - 0{,}5\}$
- $(x - 2) \cdot (x + 5) < 0$; $G = \mathbb{R} \Leftrightarrow -2x^2 - 6x + 20 > 0$; $G = \mathbb{R}$

Wichtige Äquivalenzumformungen (↗ S. 86)

1. Termumformungen auf einer Seite der Ungleichung
2. Addition oder Subtraktion desselben Terms auf beiden Seiten der Ungleichung
3. Multiplikation oder Division beider Seiten der Ungleichung mit demselben *positiven* Term
4. Multiplikation oder Division beider Seiten der Ungleichung mit demselben negativen Term und *gleichzeitige Umkehrung des Relationszeichens* (< in >, > in <, ≤ in ≥ und ≥ in ≤)

7.2 Einfache Ungleichungen und ihre Verknüpfungen

Bei einfachen Ungleichungen steht auf der einen Seite die Variable und auf der anderen Seite eine Zahl. Die Lösungsmengen lassen sich an der Zahlengeraden veranschaulichen.

BEISPIELE

- $x < 3$; $G = \mathbb{N}_0$; $L = \{0; 1; 2\}$

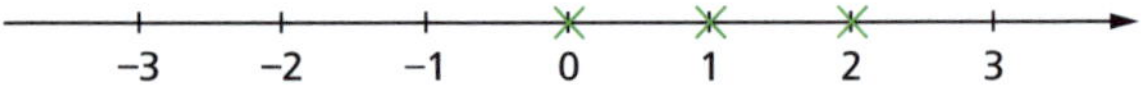

- $y > -2$; $G = \mathbb{Z}$; $L = \{-1; 0; 1; 2; 3; \ldots\}$

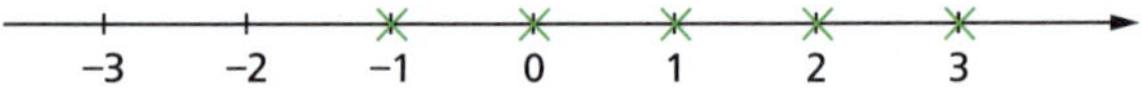

Bei der Grundmenge $G = \mathbb{R}$ lassen sich die Lösungsmengen als Intervalle (↗ S. 25) angeben.

BEISPIELE

- $x < 3$; $G = \mathbb{R}$; $L =]-\infty; 3[$

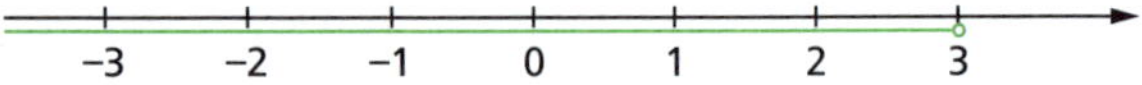

- $x \geq 1{,}8$; $G = \mathbb{R}$; $L = [1{,}8; \infty[$

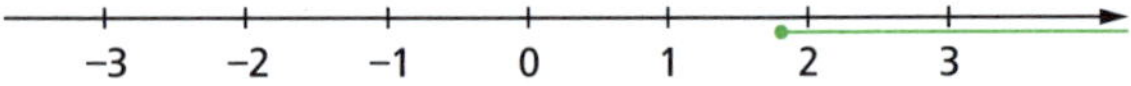

Oder- und Und- Verknüpfungen einfacher Ungleichungen

BEISPIELE

- $x < -1$ oder $x > 2$
  bzw. unter Verwendung des logischen Oder-Zeichens $\vee$:
  $x < -1 \vee x > 2$.
  Darstellung an der Zahlengeraden:

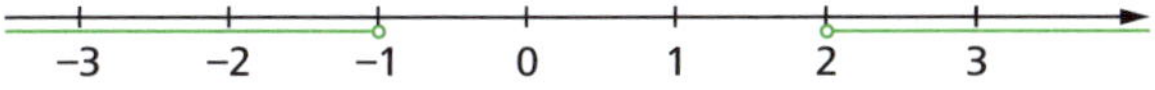

$L_1 =]-\infty; -1[$ $\qquad$ $L_2 =]2; \infty[$

Die Lösungsmenge der *oder*-verknüpften Ungleichungen ist die Vereinigungsmenge (↗ S. 12) der beiden Lösungsmengen:
$L = L_1 \cup L_2 = \ ]-\infty; -1[\ \cup \ ]2; \infty[\ = \mathbb{R} \setminus [-1; 2]$.

- $x < 1{,}5$ und $x > -2$
  bzw. unter Verwendung des logischen Und-Zeichens $\wedge$:
  $x < 1{,}5 \wedge x > -2$.

Darstellung an der Zahlengeraden:
$L_1 =]-\infty; 1{,}5[$

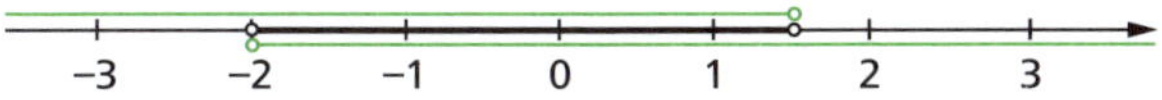

$L_2 -]-2; \infty[$

$L = L_1 \cap L_2 = \ ]-2; 1{,}5[$

Die Lösungsmenge der *und*-verknüpften Ungleichungen ist die ***Schnittmenge*** (↗ S. 12) der beiden Lösungsmengen:

$L = L_1 \cap L_2 = \ ]-\infty; 1{,}5[\ \cap \ ]-2; \infty[\ = \ ]-2; 1{,}5[$.

MERKHILFE Die Zeichen $\vee$ und $\cup$ (beide oben offen) und die Zeichen $\wedge$ und $\cap$ (beide unten offen) „gehören zusammen".

Beim Lösen von Ungleichungen treten oft Fallunterscheidungen auf. Dabei handelt es sich um Oder-Verknüpfungen der einzelnen Fälle. Innerhalb der einzelnen Fällen treten dann Und-Verknüpfungen von Ungleichungen auf.

BEISPIEL $(x-2)(x+1)>0$

Das Produkt ist positiv, wenn entweder beide Faktoren positiv oder beide negativ sind (*Oder*-Verknüpfung: 1. Fall *oder* 2. Fall).

1. Fall: $(x-2)>0 \wedge (x+1)>0$ (Und-Verknüpfung)
2. Fall: $(x-2)<0 \wedge (x+1)<0$ (Und-Verknüpfung)
Exakt: $[(x-2)>0 \wedge (x+1)>0] \vee [(x-2)<0 \wedge (x+1)<0]$

Im 1. Fall und im 2. Fall müssen die Lösungen beide Ungleichungen gleichzeitig erfüllen. Die Lösungsmengen der beiden Ungleichungen *eines Falles* müssen geschnitten werden.

1. Fall: $(x-2)>0 \Leftrightarrow x>2;$ $\quad L_{11} =]2;\infty[$
$(x+1)>0 \Leftrightarrow x>-1;$ $\quad L_{12} =]-1;\infty[$

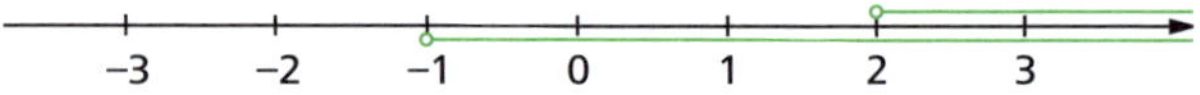

$$L_1 = L_{11} \cap L_{12} = \;]2;\infty[\; \cap \;]-1;\infty[\; = \;]2;\infty[$$

2. Fall: $(x-2)<0 \Leftrightarrow x<2;$ $\quad L_{21} =]-\infty;2[$
$(x+1)<0 \Leftrightarrow x<-1;$ $\quad L_{22} =]-\infty;-1[$

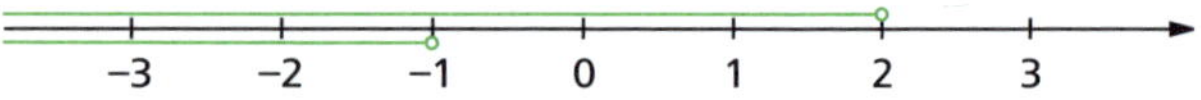

$$L_2 = L_{21} \cap L_{22} = \;]-\infty;2[\; \cap \;]-\infty;-1[\; = \;]-\infty;-1[$$

Die Lösungsmengen der zwei Fälle müssen vereinigt werden:

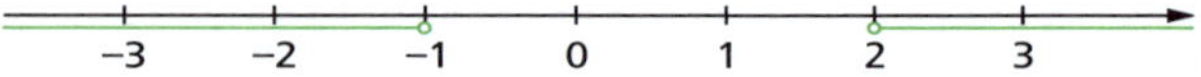

$$L = L_1 \cup L_2 = \;]2;\infty[\; \cup \;]-\infty;-1[\; = \mathbb{R}\setminus[-1;2]$$

7.3 Lineare Ungleichungen

Ersetzt man in einer linearen Gleichung das Gleichheitszeichen durch eines der *Relationszeichen* <, >, ≤ oder ≥, so entsteht eine ***lineare Ungleichung.***
Jede lineare Ungleichung lässt sich durch Äquivalenzumformungen (↗ S. 113) in eine einfache Ungleichung umformen.

BEISPIELE

- $3 \cdot x + 15 < 0 \quad | -15$
  $\Leftrightarrow \; 3 \cdot x < -15 \quad | :3$
  $\Leftrightarrow \; x < -5;$
  $L =]-\infty; -5[$

- $7 \cdot x - 25 \geq 4 \cdot x + 2 \quad | -(4 \cdot x + 2)$
  $\Leftrightarrow \; 7 \cdot x - 25 - (4 \cdot x + 2) \geq 0$
  $\Leftrightarrow \; 7 \cdot x - 25 - 4 \cdot x - 2 \geq 0$
  $\Leftrightarrow \; 3 \cdot x - 27 \geq 0 \quad | +27$
  $\Leftrightarrow \; 3 \cdot x \geq 27 \quad | :3$
  $\Leftrightarrow \; x \geq 9;$
  $L = [9; \infty[$

7.4 Produktungleichungen

Eine Ungleichung heißt ***Produktungleichung,*** wenn die eine Seite ein Produkt linearer Terme und die andere Seite null ist.

BEISPIELE

- $(x + 1)\,(x - 2{,}5) > 0$
- $(x + 1{,}5)\,(x - 2)\,(x + 2{,}4) \leq 0$

Die Lösungsmenge einer Produktungleichung bestimmt man durch Fallunterscheidung oder mit einer Vorzeichentabelle.

BEISPIEL 1 $(x + 1)(x - 2{,}5) > 0$

1. Lösung mit Fallunterscheidung:

Dieses Produkt ist genau dann positiv, wenn entweder beide Faktoren positiv oder beide negativ sind. Es müssen also zwei Fälle betrachtet werden.

1. Fall: $(x + 1) > 0$ und $(x - 2{,}5) > 0$

$\Leftrightarrow\ x > -1$ und $x > 2{,}5$

$L_1 =]2{,}5; \infty[$

2. Fall: $(x + 1) < 0$ und $(x - 2{,}5) < 0$

$\Leftrightarrow\ x < -1$ und $x < 2{,}5$

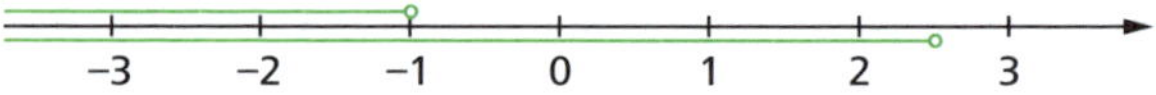

$L_2 =]-\infty; -1[$

$L = L_1 \cup L_2 = \ ]2{,}5; \infty[\ \cup\ ]-\infty; -1[\ = \mathbb{R} \setminus [-1; 2{,}5]$

2. Lösung mit Vorzeichentabelle:

Man bestimmt die Zahlen, für die die einzelnen Linearfaktoren 0 werden. Sie heißen ***Nullstellen.*** Dann kann man für die Bereiche der Zahlengeraden, die durch die Nullstellen begrenzt werden, das Vorzeichen der Linearfaktoren und damit des Produktes angeben.

$(x + 1) = 0 \Leftrightarrow x = -1;$ $(x - 2{,}5) = 0 \Leftrightarrow x = 2{,}5$

Vorzeichentabelle:

	Vorzeichen des Terms für Abschnitte der Zahlengeraden		
$(x + 1)$	−	+	+
$(x - 2{,}5)$	−	−	+
$(x + 1)(x - 2{,}5)$	+	−	+
	−1	2,5	

Für Werte kleiner als –1 sind die beiden linearen Terme negativ, also ist das Produkt positiv.
Für Werte größer als –1 und kleiner als 2,5 haben die Terme verschiedenes Vorzeichen, das Produkt ist also negativ.
Für Werte größer 2,5 sind die beiden linearen Terme positiv, also ist auch das Produkt positiv.
$L = \;]-\infty; -1[\; \cup \;]2{,}5; \infty[\; = \mathbb{R} \setminus [-1; 2{,}5]$

BEISPIEL 2 $(x + 1{,}5)(x - 2)(x + 2{,}4) \leq 0$
Nullstellen: $x = -1{,}5$; $x = 2$; $x = -2{,}4$

Vorzeichentabelle:

	Vorzeichen des Terms			
$(x + 1{,}5)$	–	–	+	+
$(x - 2)$	–	–	–	+
$(x + 2{,}4)$	–	+	+	+
$(x + 1{,}5)(x - 2)(x + 2{,}4)$	–	+	–	+
		–2,4	–1,5	2

7

$(x + 1{,}5)(x - 2)(x + 2{,}4) \leq 0$ für $x \leq -2{,}4 \vee -1{,}5 \leq x \leq 2$
$L = \;]-\infty; -2{,}4] \cup [-1{,}5; 2]$

7.5 Bruchungleichungen

Eine Ungleichung, bei der die Variable im Nenner eines Bruches auftritt, heißt ***Bruchungleichung.*** Bei Bruchungleichungen ist wie bei Bruchgleichungen (↗ S. 93/94) zuerst die ***Definitionsmenge*** D zu bestimmen.

BEISPIELE

- $\frac{x}{x-2} < 0$; $D = \mathbb{R} \setminus \{2\}$
- $\frac{2-x}{x^2-4} \leq 2 - \frac{x}{x+2}$; $D = \mathbb{R} \setminus \{-2; 2\}$

Wie bei den Produktungleichungen kann hier die Lösungsmenge entweder durch eine Fallunterscheidung oder durch Verwendung einer Vorzeichentabelle ermittelt werden. Die Lösungen müssen natürlich in der Definitionsmenge liegen.

BEISPIEL 1

$\frac{x}{2-x} < 0; \quad D = \mathbb{R}\setminus\{2\}$

1. *Lösung mit Fallunterscheidung:*
   Der Bruch ist genau dann negativ, wenn der Zähler positiv und der Nenner negativ ist oder umgekehrt.

   1. Fall: $x > 0 \wedge (x-2) < 0 \quad \Leftrightarrow \quad x > 0 \wedge x < 2$

   $L_1 =]0;2[$

   2. Fall: $x < 0 \wedge (x-2) > 0 \quad \Leftrightarrow \quad x < 0 \wedge x > 2$

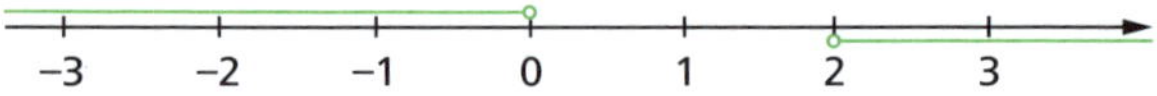

   $L_2 = \{\,\}$

   $L = L_1 \cup L_2 = \ ]0;2[\ \cup \ \{\,\} \ = \ ]0;2[$

2. *Lösung mit Vorzeichentabelle:*
   Man bestimmt die Zahlen, für die die einzelnen Linearfaktoren in Zähler bzw. Nenner 0 werden. Sie heißen ***Nullstellen*** des Zählers bzw. Nenners. Dann kann man für die Bereiche der Zahlengeraden, die durch die Nullstellen begrenzt werden, das Vorzeichen der Linearfaktoren und damit des Bruches angeben.
   Nullstellen: $x = 0; \quad (x-2) = 0 \Leftrightarrow x = 2$

Vorzeichentabelle:

	Vorzeichen des Terms		
(x)	–	+	+
$(x-2)$	–	–	+
$\frac{x}{x-2}$	+	–	+
		0	2

Der Bruch ist negativ für $0 < x < 2$:
$L =]0;2[$.

TIPP Treten mehrere verschiedene Faktoren mit Variablen im Zähler oder Nenner bei Bruchungleichungen auf, so ist meist die Lösung mit der Vorzeichentabelle einfacher.

BEISPIEL 2

$\frac{2-x}{x^2-4} \leq 2 - \frac{x}{x+2}$; $\quad D = \mathbb{R} \setminus \{-2;2\}$

Diese Ungleichung wird zunächst umgeformt.

$$\frac{2-x}{x^2-4} \leq 2 - \frac{x}{x+2} \qquad \left| -2 + \frac{x}{x+2} \right.$$

$$\Leftrightarrow \frac{2-x}{x^2-4} - 2 + \frac{x}{x+2} \leq 0 \qquad |\text{Hauptnenner}$$

$$\Leftrightarrow \frac{2-x}{x^2-4} - \frac{2(x^2-4)}{x^2-4} + \frac{x(x-2)}{(x+2)(x-2)} \leq 0$$

$$\Leftrightarrow \frac{2-x-2x^2+8+x^2-2x}{(x+2)(x-2)} \leq 0$$

$$\Leftrightarrow \frac{-x^2-3x+10}{(x+2)(x-2)} \leq 0 \qquad |\cdot(-1)$$

$$\Leftrightarrow \frac{x^2+3x-10}{(x+2)(x-2)} \geq 0 \qquad |\text{faktorisieren}$$

$$\Leftrightarrow \frac{(x+5)(x-2)}{(x+2)(x-2)} \geq 0 \qquad |\text{kürzen}$$

$$\Leftrightarrow \frac{x+5}{x+2} \geq 0; \qquad D = \mathbb{R} \setminus \{-2, 2\}$$

Lösung mit Vorzeichentabelle:
Nullstelle: $(x + 5) = 0 \Leftrightarrow x = -5$;
Definitionslücke: $(x + 2) = 0 \Leftrightarrow x = -2$

	Vorzeichen des Terms			
$(x + 5)$	−	+	+	+
$(x + 2)$	−	−	+	+
$\frac{x+5}{x-2}$	+	−	+	+
		−5	−2	2

$L = \;]-\infty;-5] \cup]-2;2[\cup]2;+\infty[$

FEHLERQUELLE! Das Kürzen ist unter Berücksichtigung der Definitionsmenge eine Äquivalenzumformung. Bei der Vorzeichentabelle müssen dann aber außer den Nullstellen auch die Definitionslücken berücksichtigt werden. Nullstellen können bei Ungleichungen mit ≤ und ≥ Lösungen sein, Definitionslücken dagegen nie (s. voriges Beispiel).

7.6 Quadratische Ungleichungen

Reinquadratische Ungleichungen

Ersetzt man in einer reinquadratischen Gleichung (↗ S. 89) das Gleichheitszeichen durch eines der Relationszeichen <, >, ≤ oder ≥, so entsteht eine ***reinquadratische Ungleichung.***

BEISPIELE $(G = \mathbb{R})$

- $x^2 < -7$; $L = \{\,\}$
- $x^2 \le 9 \Leftrightarrow \sqrt{x^2} \le \sqrt{9} \Leftrightarrow |x| \le 3 \Leftrightarrow -3 \le x \le 3$; $L = [-3;3]$

Die folgenden Ungleichungen lassen sich auf reinquadratische zurückführen. Auch hier ist zu beachten (↗ S. 59):

$\sqrt{[T(x)]^2} = |T(x)|$ für alle Terme $T(x)$.

BEISPIELE

- $4x^2 - 9 > 0$

  $\Leftrightarrow 4x^2 > 9$

  $\Leftrightarrow x^2 > 2{,}25 \quad \Leftrightarrow \quad |x| > 1{,}5$

  $\Leftrightarrow x < -1{,}5 \lor x > 1{,}5;$

  $L_1 =]-\infty; -1{,}5[; \qquad L_2 =]1{,}5; \infty[$

  $L = L_1 \cup L_2 = \;]-\infty; -1{,}5[\; \cup \;]1{,}5; \infty[\; = \mathbb{R} \setminus [-1{,}5; 1{,}5]$
- $(x-2)^2 \geq 9$

  $\Leftrightarrow |x-2| \geq 3$

  $\Leftrightarrow -(x-2) \geq 3 \lor (x-2) \geq 3$

  (Die erste Ungleichung durch (–1) dividieren:)

  $\Leftrightarrow (x-2) \leq -3 \lor (x-2) \geq 3$

  $\Leftrightarrow x \leq -1 \lor x \geq 5;$

  $L_1 =]-\infty; -1]; \qquad L_2 = [5; \infty[$

  $L = L_1 \cup L_2 = \;]-\infty; -1] \; \cup \; [5; \infty[\; = \mathbb{R} \setminus]-1; 5[$

7

Allgemeine quadratische Ungleichungen

Ersetzt man in einer quadratischen Gleichung (↗ S. 89) das Gleichheitszeichen durch eines der Relationszeichen <, >, ≤ oder ≥, so entsteht eine ***quadratische Ungleichung.*** Eine quadratische Ungleichung lässt sich durch Äquivalenzumformungen (↗ S. 113) immer auf die *Normalform* bringen, bei der die linke Seite die Form $x^2 + px + q$ ($p, q \in \mathbb{R}$) hat und die rechte Seite 0 ist.

BEISPIELE

- $x^2 - 2x - 15 < 0; \qquad p = -2, \quad q = -15$
- $x^2 + 2x \geq 0; \qquad p = 2, \quad q = 0$
- $x^2 + 5 \leq 0; \qquad p = 0, \quad q = 5$
- $7x^2 + 2x - 3 > 3x^2 - 6x + 9 \qquad | -3x^2 + 6x - 9$

  $\Leftrightarrow 4x^2 + 8x - 12 > 0 \qquad | :4$

  $\Leftrightarrow x^2 + 2x - 3 > 0; \qquad p = 2, \quad q = -3$

Zum Lösen einer quadratischen Ungleichung versucht man den quadratischen Term auf der linken Seite der Ungleichung zu faktorisieren. Dies gelingt immer, wenn die Diskriminante (↗ S. 90) der zugehörigen quadratischen Gleichung

$x^2 + px + q = 0$ nichtnegativ ist, d. h. $D = \left(\frac{p}{2}\right)^2 - q \geq 0$.

BEISPIELE

- $x^2 - 2x - 15 < 0$ | $D = 16 \geq 0$
  $\Leftrightarrow (x - 5)(x + 3) < 0$
- $x^2 + 2x \geq 0$ | $D = 1 \geq 0$
  $\Leftrightarrow x(x + 2) \geq 0$
- $x^2 + 5 \leq 0$ | $D = -5 < 0$
  (Hier ist eine Faktorisierung nicht möglich!)
- $x^2 - 6x + 12 \geq 0$ | $D = -3 < 0$
  (Hier ist eine Faktorisierung nicht möglich!)

SONDERFALL Ist eine Faktorisierung nicht möglich, so ist der quadratische Term für alle Zahlen entweder positiv oder negativ.

BEISPIELE

- $x^2 + 5 \leq 0$; es gilt aber stets: $x^2 + 5 > 0$; $L = \{\ \}$
- $x^2 - 6x + 12 \geq 0$; allgemeingültig; $L = \mathbb{R}$

Ist der quadratische Term faktorisiert, so liegt eine Produktungleichung (↗ S. 117) vor. Die Lösungsmenge der Produktungleichung bestimmt man entweder durch eine Fallunterscheidung oder durch Verwendung einer Vorzeichentabelle.

BEISPIELE

- $x^2 - 2x - 15 < 0$

  $\Leftrightarrow (x-5)(x+3) < 0$ | Lösung mit Vorzeichentabelle

  Nullstellen: $x - 5 = 0 \Leftrightarrow x = 5$; $x + 3 = 0 \Leftrightarrow x = -3$

	Vorzeichen des Terms		
$(x-5)$	–	–	+
$(x+3)$	–	+	+
$(x-5)(x+3)$	+	–	+

$-3 \qquad 5$

$(x-5)(x+3) < 0$ für $-3 < x < 5$, also $L =]-3;5[$.

- $x^2 + 2x \geq 0$

  $\Leftrightarrow x(x+2) \geq 0$ | Lösung mit Fallunterscheidung

  (Ein Produkt zweier Faktoren ist nichtnegativ, wenn beide Faktoren nichtnegativ oder beide nichtpositiv sind.)

  1. Fall: $x \geq 0 \land (x+2) \geq 0$

  $\Leftrightarrow x \geq 0 \land x \geq -2$

  $\Leftrightarrow x \geq 0$; $L_1 = [0;\infty[$

  2. Fall: $x \leq 0 \land (x+2) \leq 0$

  $\Leftrightarrow x \leq 0 \land x \leq -2$

  $\Leftrightarrow x \leq -2$; $L_2 =]-\infty;-2]$

  $L = L_1 \cup L_2 = [0;\infty[\cup]-\infty;-2] = \mathbb{R}\setminus]-2;0[$

TIPP Oft erhält man die Faktorisierung mit binomischen Formeln. Durch Radizieren und Rechnen mit Beträgen erfolgt die Bestimmung der Lösungsmenge oft schneller.

BEISPIELE

- $x^2 + 2x + 1 \leq 0$ | 1. binomische Formel

  $(x+1)^2 \leq 0$ | radizieren

  $|x+1| \leq 0$ | (Der Betrag ist immer nichtnegativ!)

  $\Leftrightarrow |x+1| = 0$ (Der Betrag ist 0, wenn das Argument 0 ist.)

  $\Leftrightarrow x + 1 = 0$

  $\Leftrightarrow x = -1$; $L = \{-1\}$

- $x^2 - 4x + 4 > 0$ | 2. binomische Formel
  $\Leftrightarrow (x-2)^2 > 0$ | radizieren
  $\Leftrightarrow |x-2| > 0$ | (Der Betrag ist immer nichtnegativ!)
  $\Leftrightarrow |x-2| \neq 0$
  $\Leftrightarrow x - 2 \neq 0$
  $\Leftrightarrow x \neq 2; \quad L = \mathbb{R}\backslash\{2\}$

- $x^2 - 9 > 0$ | 3. binomische Formel
  $\Leftrightarrow (x-3)(x+3) > 0$ | Fallunterscheidung
  1. Fall: $(x-3) > 0 \wedge (x+3) > 0$
  $\Leftrightarrow x > 3 \wedge x > -3$
  $\Leftrightarrow x > 3; \quad L_1 =]3; \infty[$

  2. Fall: $(x-3) < 0 \wedge (x+3) < 0$
  $\Leftrightarrow x < 3 \wedge x < -3$
  $\Leftrightarrow x < -3; \quad L_2 =]-\infty; -3[$
  $L = L_1 \cup L_2 = \ ]3; \infty[\ \cup \ ]-\infty; -3[\ = \mathbb{R}\backslash[-3; 3]$

7.7 Ungleichungen mit Beträgen

Ungleichungen, bei denen die Variable zwischen Betragsstrichen (↗ S. 83) auftritt, werden in der Regel durch Fallunterscheidungen gelöst. Hierbei gilt für einen Term $T(x)$:

$$|T(x)| = \begin{cases} T(x), & \text{falls } T(x) \geq 0 \\ -T(x), & \text{falls } T(x) < 0 \end{cases}$$

BEISPIELE

- $|2x - 5| < 4$
  1. Fall: $2x - 5 \geq 0$, d. h.: $\boldsymbol{x \geq 2{,}5}$
  $2x - 5 < 4$ | + 5 | : 2
  $\Leftrightarrow \boldsymbol{x < 4{,}5}$
  Beide Ungleichungen müssen erfüllt sein:
  $x \geq 2{,}5 \wedge x < 4{,}5 \Leftrightarrow 2{,}5 \leq \boldsymbol{x < 4{,}5}$,
  also $L_1 = [2{,}5; 4{,}5[$

2. Fall: $2x - 5 < 0$, d. h.: $\boldsymbol{x < 2,5}$

$$\begin{aligned} & -(2x-5) < 4 && | \cdot (-1) \\ \Leftrightarrow\ & (2x-5) > -4 && | + 5 \\ \Leftrightarrow\ & 2x > 1 && | : 2 \\ \Leftrightarrow\ & \boldsymbol{x > 0,5} \end{aligned}$$

Beide Ungleichungen müssen erfüllt sein.

$x < 2,5 \wedge x > 0,5 \Leftrightarrow \boldsymbol{0,5 < x < 2,5;}$

also $L_2 =]0,5; 2,5[$

$L = L_1 \cup L_2 = \quad [2,5; 4,5[\ \cup\ ]0,5; 2,5[\quad =]0,5; 4,5[$

■ $|3x - 6| - 2x - 3 \geq 0$

Man bringt zuerst die Terme ohne Betragsstriche durch Äquivalenzumformungen auf die andere Seite.

$$\begin{aligned} & |3x-6| - 2x - 3 \geq 0 && | + 2x + 3 \\ \Leftrightarrow\ & |3x-6| \geq 2x + 3 && | \text{ Fallunterscheidung} \end{aligned}$$

1. Fall: $3x - 6 \geq 0$, d. h.: $\boldsymbol{x \geq 2}$

$$\begin{aligned} & 3x - 6 \geq 2x + 3 && | - 2x + 6 \\ \Leftrightarrow\ & \boldsymbol{x \geq 9;} \end{aligned}$$

$x \geq 2 \wedge x \geq 9 \Leftrightarrow \boldsymbol{x \geq 9;}$

$\Leftrightarrow$ also $L_1 = [9; \infty[$

2. Fall: $3x - 6 < 0$, d. h.: $\boldsymbol{x < 2}$

$$\begin{aligned} & -(3x-6) \geq 2x + 3 \\ \Leftrightarrow\ & -3x + 6 \geq 2x + 3 && | - 2x - 6 \\ \Leftrightarrow\ & -5x \geq -3 && | : (-5) \\ \Leftrightarrow\ & \boldsymbol{x \leq 0,6;} \end{aligned}$$

$x < 2 \wedge x \leq 0,6 \Leftrightarrow \boldsymbol{x \leq 0,6;}$

also $L_2 =]-\infty; 0,6]$

$L = L_1 \cup L_2 = \quad [9; \infty[\ \cup\ ]-\infty; 0,6] \quad = \mathbb{R} \setminus]0,6; 9[$

Teste dein Wissen!

Kapitel „Ungleichungen“	O. K. ✓	Das muss ich noch mal lesen
Ich kann erklären, welche Äquivalenzumformung bei Ungleichungen anders funktioniert als bei Gleichungen.		S. 113
Ich kann die Lösungsmenge einfacher Ungleichungen an der Zahlengerade darstellen.		S. 114
Ich kann den Unterschied zwischen einer *Oder-* und einer *Und-Verknüpfung* bei Ungleichungen erklären.		S. 115, 116
Ich kann lineare Ungleichungen sicher lösen.		S. 117
Ich kann Produktungleichungen (durch Fallunterscheidung und mit Vorzeichentabelle) lösen.		S. 117–119
Ich kann Bruchungleichungen (durch Fallunterscheidung und mit Vorzeichentabelle) lösen.		S. 119–122
Ich kann eine quadratische Ungleichung (durch Fallunterscheidung und mit Vorzeichentabelle) lösen.		S. 122–126
Ich kann Ungleichungen mit Beträgen (durch Fallunterscheidung) lösen.		S. 126, 127

Proportionalität

Bestimmt man eine Größe in Abhängigkeit von einer anderen Größe, so spricht man von einer ***Zuordnung.*** Die Ausgangsgröße heißt auch ***unabhängige Größe,*** die zugeordnete Größe ***abhängige Größe.*** Besonders wichtige Zuordnungen sind die direkte und die indirekte (oder umgekehrte) ***Proportionalität.***

8.1 Direkte Proportionalität

> Eine Zuordnung zwischen zwei Größen, bei der jeweils dem 2-, 3-, … k-Fachen der 1. Größe (unabhängige Größe) das 2-, 3-, … k-Fache der 2. Größe (abhängige Größe) entspricht, heißt ***direkte Proportionalität.***
> Die Zahl k steht für eine beliebige (natürliche) Zahl.

Die beiden Größen nennt man *zueinander direkt proportional.* Die direkte Proportionalität ist eine *„Je-mehr-desto-mehr"*-Zuordnung.

BEISPIEL

Die Zuordnung Benzinmenge (in l) → Preis (in €) ist eine direkte Proportionalität:
Kostet 1 l Benzin 1,60 €,
dann kosten 2 l Benzin $2 \cdot 1{,}60\text{ €} = 3{,}20\text{ €}$,
3 l Benzin kosten $3 \cdot 1{,}60\text{ €} = 4{,}80\text{ €}$, …
k l Benzin kosten $k \cdot 1{,}60\text{ €}$.
Ebenso: 0,5 l Benzin kosten $0{,}5 \cdot 1{,}60\text{ €} = 0{,}80\text{ €}$.

Darstellung in einer Tabelle:

Benzinmenge (in l)	0	0,5	1	2	3	…	***k***
Preis (in €)	0	0,80	1,60	3,20	4,80	…	$k \cdot 1{,}60$

Darstellung in einem Diagramm:

Da auch jeder beliebige Zwischenwert infrage kommen kann, bilden die Punkte im ***Diagramm*** eine *Halbgerade,* die im Ursprung des Koordinatensystems beginnt.

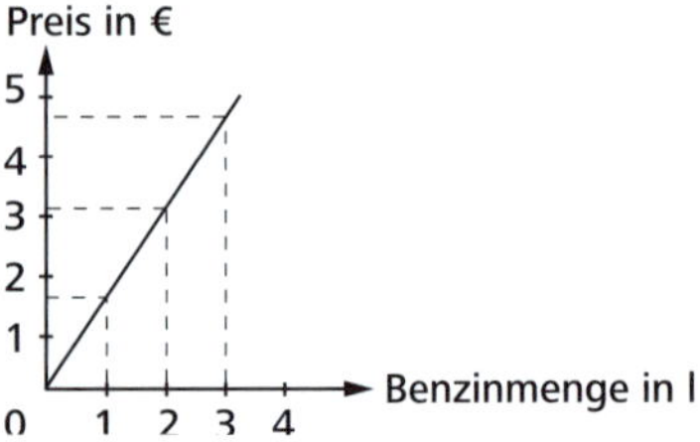

Der Zusammenhang zwischen der Benzinmenge in l und dem Preis in € lässt sich leicht berechnen und in einer ***Zuordnungsvorschrift*** notieren:

Benzinmenge in l ↦ Preis in €

$x \mapsto 1{,}60 \cdot x$ (x: Maßzahl der Benzinmenge in l)

Bemerkung: Rechnet man mit Einheiten, heißt die Vorschrift:

Benzinmenge in l ↦ Preis in €

$x \mapsto 1{,}60\,\frac{€}{\mathrm{l}} \cdot x$ (x: Benzinmenge in l)

> Die Zuordnungsvorschrift einer direkten Proportionalität hat die Form $x \mapsto m \cdot x$.
> m heißt ***Proportionalitätsfaktor*** und ist ein konstanter Wert.
> Berechnungsformel für die abhängige Größe y : $y = m \cdot x$

Erkennungsmerkmale einer direkten Proportionalität

1. Aus der Zuordnungstabelle:

Bildet man in jeder Spalte der Tabelle (siehe oben) den Quotienten $y : x$ der zusammengehörenden Maßzahlen der abhängigen

Größe y und der unabhängigen Größe x (für $x \neq 0$ und $y \neq 0$), erhält man stets den gleichen Wert:
$y : x = 0{,}80 : 0{,}5 = 1{,}60 : 1 = 3{,}20 : 2 = 4{,}80 : 3 = \ldots = 1{,}60$.

> Bei einer direkten Proportionalität sind die Wertepaare der Zuordnungstabelle ***quotientengleich.*** Der Wert $y : x$ ist der Proportionalitätsfaktor m.

BEACHTE Ergibt sich also bei einer Zuordnungstabelle stets der gleiche Quotient, so liegt eine direkte Proportionalität vor.

2. Aus dem Diagramm:
Bei einer direkten Proportionalität liegen alle Punkte des Schaubildes auf einer *Halbgeraden,* die im Ursprung des Koordinatensystems beginnt. Anmerkung: Diese Halbgerade hat die Steigung $m = y : x$.

BEISPIEL zur direkten Proportionalität:
Ein Schwimmbecken wird durch eine Wasserleitung befüllt. In 20 min fließen 1000 l in das Becken. Da in der 2-, 3-, … k-fachen Zeit auch die 2-, 3-, … k-fache Wassermenge in das Becken fließt, ist die Zuordnung eine direkte Proportionalität. Das Schaubild ist dann eine Halbgerade durch den Ursprung und den Punkt zum gegebenen Wertepaar (20 min; 1000 l).

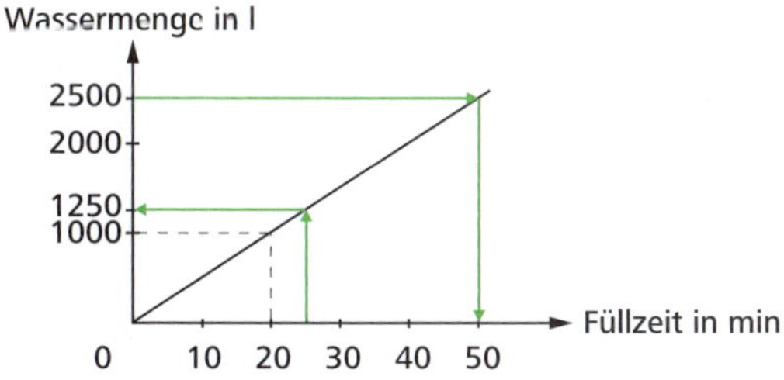

Aus dem Diagramm kann man z. B. ablesen:
Für 2 500 l Wasser werden 50 Minuten benötigt.
In 25 Minuten fließen 1250 l Wasser in das Becken.
Der Proportionalitätsfaktor kann aus dem gegebenen Wertepaar (20 min; 1000 l) berechnet werden:

$$m = \frac{1000\ \text{l}}{20\ \text{min}} = 50\ \frac{\text{l}}{\text{min}}.$$

Zuordnung: Füllzeit in min $\mapsto$ eingelaufene Wassermenge in l
$x \mapsto 50 \cdot x$ (x: Maßzahl der Zeit in min)

8.2 Indirekte Proportionalität

> Eine Zuordnung zwischen zwei Größen, bei der jeweils dem 2-, 3-, … k-Fachen der 1. Größe (unabhängige Größe) der 2-, 3-, … k-te Teil der 2. Größe (abhängige Größe) entspricht, heißt ***indirekte*** *(oder* ***umgekehrte****)* ***Proportionalität.***

Die beiden Größen nennt man *zueinander indirekt proportional.* Die indirekte Proportionalität ist eine „*Je-mehr-desto-weniger*"-Zuordnung.

BEISPIEL Geschwindigkeit und Zeit
Die Zuordnung Geschwindigkeit $\mapsto$ Zeitbedarf für die Streckenlänge 500 m ist eine indirekte Proportionalität. Wird z. B. die Strecke mit der Geschwindigkeit $1\ \frac{\text{km}}{\text{h}}$ zurückgelegt, so benötigt man 30 min, bei der doppelten Geschwindigkeit $2\ \frac{\text{km}}{\text{h}}$ benötigt man nur 15 min, also die halbe Zeit usw.
In der *Tabelle* sind weitere Wertepaare angegeben:

Geschwindigkeit $\left(\text{in } \frac{\text{km}}{\text{h}}\right)$	0,5	1	2	3	5	…	k
Zeitbedarf (in min)	60	30	15	10	6	…	$\frac{30}{k}$

Diagramm:

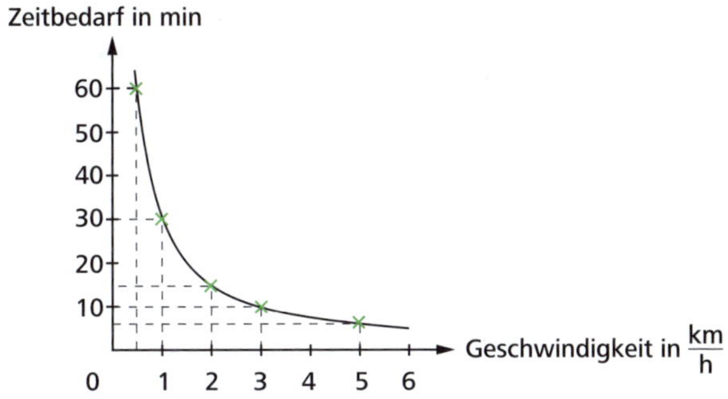

Die Punkte zu den Wertepaaren liegen auf einer gekrümmten Kurve, einer *Hyperbel.*

Die *Zuordnungsvorschrift* zwischen Geschwindigkeit und Zeit (bei gleichbleibender Weglänge) heißt:

$x \mapsto \frac{30}{x}$ $\left(x\text{: Maßzahl der Geschwindigkeit in } \frac{\text{km}}{\text{h}}\right)$.

> Die Zuordnungsvorschrift einer indirekten Proportionalität hat die Form $x \mapsto \frac{k}{x}$.
> Berechnungsformel für die abhängige Größe y ist $y = \frac{k}{x}$.

Erkennungsmerkmale einer indirekten Proportionalität

1. Aus der Zuordnungstabelle:

Bildet man in jeder Spalte der Tabelle (↗ S. 132 unten) das Produkt $y \cdot x$ der zusammengehörenden Maßzahlen der Größe y und der Größe x, erhält man stets den gleichen Wert:

$y \cdot x = 60 \cdot 0{,}5 = 30 \cdot 1 = 15 \cdot 2 = \ldots = 30.$

> Bei einer indirekten Proportionalität sind die Wertepaare der Zuordnungstabelle ***produktgleich.***
> Der Wert des Produkts $y \cdot x$ ist die Konstante k in der Zuordnungsvorschrift.

BEACHTE Ergibt sich also bei einer Zuordnungstabelle stets das gleiche Produkt, so liegt eine indirekte Proportionalität vor.

2. Aus dem Diagramm:
Das Diagramm liefert hier nur einen groben Eindruck, da eine Hyperbel nicht ohne weiteres genau erkannt werden kann. Sie macht jedoch deutlich, dass zu wachsenden Werten der einen Größe stets kleiner werdende Werte der zweiten Größe gehören. Außerdem gilt: Eine Hyperbel schneidet die Achsen nie!
Bei der indirekten Proportionalität ist also die Produktgleichheit das einzig sichere Erkennungsmerkmal.

BEISPIEL zur indirekten Proportionalität:
Bei Rechtecken mit dem Flächeninhalt 12 cm^2 wird für die Seite a eine Länge vorgegeben und dann die Seite b berechnet.

Seite a (in cm)	0,5	1	2	3	4	6	12
Seite b (in cm)	24	12	6	4	3	2	1
a · b (in cm^2)	12	12	12	12	12	12	12

Die Berechnung des Produkts $a \cdot b$ ergibt für alle Wertepaare denselben Wert 12 cm^2. (Das muss natürlich auch so sein, denn $a \cdot b = A$ ist der Flächeninhalt des Rechtecks.)

Ergebnis: Die Seiten a und b eines Rechtecks sind also bei vorgegebenem Flächeninhalt des Rechtecks zueinander indirekt proportional.

8.3 Schlussrechnung

Sachaufgaben, bei denen die vorkommenden Größen zueinander direkt oder indirekt proportional sind, werden häufig mit einem sogenannten *Dreisatz* gelöst.

Dreisatz bei einer direkten Proportionalität

BEISPIEL

5 kg Kirschen kosten 4,25 €. Wie viel kosten 9 kg?

Lösung:
Es liegt eine direkte Proportionalität vor, da die doppelte, dreifache … Menge auch doppelt, dreimal … so viel kostet.

Die Bedingung „5 kg Kirschen kosten 4,25 €" legt den Zusammenhang zwischen Menge und Preis fest. Die Frage „Wie viel kosten 9 kg?" gibt den Rechenauftrag.

Die ***Schlussrechnung*** erfolgt nun in zwei Schritten:

1. Schritt: Schluss von der Vielheit auf die Einheit:
   Wenn 5 kg Kirschen 4,25 kg kosten, dann kostet 1 kg den 5ten Teil: $4{,}25\,€ : 5 = 0{,}85\,€$.
2. Schritt: Schluss von der Einheit auf die andere Vielheit:
   Wenn 1 kg Kirschen 0,85 € kosten, dann kosten 9 kg das 9-Fache: $0{,}85\,€ \cdot 9 = 7{,}65\,€$.

BEACHTE Diese Überlegungen werden kurz in *drei Sätzen* (deshalb „Dreisatz") aufgeschrieben (dabei wird das Zwischenergebnis beim 2. Satz nicht ausgerechnet):

1. Satz: $5\,\text{kg} \mapsto 4{,}25\,€$

2. Satz: $1\,\text{kg} \mapsto \frac{4{,}25\,€}{5}$

3. Satz: $9\,\text{kg} \mapsto \frac{4{,}25\,€}{5} \cdot 9 = \frac{4{,}25\,€ \cdot 9}{5} = 7{,}65\,€$

Antwort: 9 kg Kirschen kosten 7,65 €.

Dreisatz bei einer indirekten Proportionalität

BEISPIEL

Ein Wasserbecken wird von 4 gleichen Pumpen in 56 Minuten leergepumpt. Wie lange dauert es mit 7 solcher Pumpen?

Lösung:
Es liegt eine indirekte Proportionalität vor, da es mit der doppelten, dreifachen … Anzahl Pumpen halb, ein Drittel … so lang dauert.

Die *Bedingung:* Mit 4 Pumpen dauert es 56 Minuten.
Die *Frage:* „Wie lange dauert es mit 7 Pumpen?"

Die *Schlussrechnung* in zwei Schritten:

1. Schritt: Von der Vielheit auf die Einheit:
   Wenn es mit 4 Pumpen 56 Minuten dauert, dann dauert es mit 1 Pumpe 4-mal so lang:
   $56\text{ min} \cdot 4 = 224\text{ min}$.
2. Schritt: Von der Einheit auf die andere Vielheit:
   Wenn es mit 1 Pumpe 224 Minuten dauert, dann dauert es mit 7 Pumpen nur den 7ten Teil dieser Zeit:
   $224\text{ min} : 7 = 32\text{ min}$.

BEACHTE Kurzschreibweise in *drei Sätzen* (wieder wird das Zwischenergebnis beim 2. Satz nicht ausgerechnet):

1. Satz: 4 Pumpen $\mapsto$ 56 min
2. Satz: 1 Pumpe $\mapsto$ $56\text{ min} \cdot 4$
3. Satz: 7 Pumpen $\mapsto$ $\frac{56\text{ min} \cdot 4}{7} = \frac{56 \cdot 4}{7}\text{ min} = 32\text{ min}$

Antwort: Mit 7 Pumpen dauert es 32 Minuten.

Teste dein Wissen!

Kapitel „Proportionalität“	O. K. ✓	Das muss ich noch mal lesen
Ich kann den Begriff *direkte Proportionalität* erklären.		S. 129
Ich kann zur Zuordnungsvorschrift direkt proportionaler Größen eine Wertetabelle und ein Diagramm erstellen.		S. 130
Ich kann zueinander direkt proportionale Größen erkennen.		S. 130–132
Ich kann anhand einer Wertetabelle oder anhand eines Diagramms die Zuordnungsvorschrift direkt proportionaler Größen ermitteln.		S. 130–132
Ich kann den Begriff *indirekte Proportionalität* erklären.		S. 132, 133
Ich kann zur Zuordnungsvorschrift indirekt proportionaler Größen eine Wertetabelle und ein Diagramm erstellen.		S. 132, 133
Ich kann zueinander indirekt proportionale Größen erkennen.		S. 133, 134
Ich kann anhand einer Wertetabelle oder anhand eines Diagramms die Zuordnungsvorschrift indirekt proportionaler Größen ermitteln.		S. 133, 134
Ich kann Dreisatzaufgaben bei direkter und bei indirekter Proportionalität lösen.		S. 135, 136

9 Prozent- und Zinsrechnung

9.1 Fachbegriffe der Prozentrechnung

Um den Vergleich von Anteilen zu vereinfachen, bezieht man die Angaben häufig auf die gemeinsame Grundzahl 100. Die Anteile werden mit Hundertstel-Brüchen angegeben. Für sie wurde der Begriff ***Prozent*** (ital.: *pro cento, für Hundert*) geprägt.

$1\,\% = \frac{1}{100}$ und allgemein: $p\,\% = \frac{p}{100}$.

BEISPIEL In der Klasse 6*a* fahren von 25 Schülern 16 mit dem Fahrrad zur Schule, in der 6b sind es 13 von 20 Schülern. In welcher Klasse ist der Anteil der Fahrradfahrer größer?

Anteil der Fahrradfahrer in der Klasse 6a: $\frac{16}{25} = \frac{64}{100} = 64\,\%$,

in der Klasse 6b: $\frac{13}{20} = \frac{65}{100} = 65\,\%$.

Der Anteil der Fahrradfahrer ist in der 6b größer als in der 6a.

Jeder Bruch mit dem Nenner 100 und jede Dezimalzahl lässt sich leicht in eine Prozentangabe umwandeln:

BEISPIELE $0{,}05 = \frac{5}{100} = 5\,\%$; $0{,}3325 = \frac{33{,}25}{100} = 33{,}25\,\%$

Jede Prozentangabe kann als Bruch mit dem Nenner 100 oder als Dezimalbruch geschrieben werden:

BEISPIELE $14{,}4\,\% = \frac{14{,}4}{100} = 0{,}144$;

$95{,}58\,\% = \frac{95{,}58}{100} = 0{,}9558$

Grundwert, Prozentsatz, Prozentwert

Das Ganze ist der ***Grundwert G.*** Der Grundwert stellt die Bezugsgröße dar und von ihm werden die Prozente berechnet. Er wird dazu in 100 gleiche Teile zerlegt. Der ***Prozentsatz p*** (ohne %-Zeichen, *p* % ist der Bruch $\frac{p}{100}$, gibt den Anteilvom Ganzen in Prozent an, also wie viele Hundertstel zu nehmen sind. Der ***Prozentwert W*** ist dann die Größe des Anteils.

BEISPIEL

Zurück zu den Klassen 6a und 6b (↗ S. 138):

6a:	64	% von	25 Schülern	=	16 Schüler
	Prozentsatz *p*		Grundwert *G*		Prozentwert *W*
6b:	65	% von	20 Schülern	=	13 Schüler
	Prozentsatz *p*		Grundwert *G*		Prozentwert *W*

Tabelle häufiger Prozentangaben

1 %	5 %	10 %	25 %	50 %	75 %	100 %
0,01	0,05	0,1	0,25	0,5	0,75	1
$\frac{1}{100}$	$\frac{5}{100}=\frac{1}{20}$	$\frac{10}{100}=\frac{1}{10}$	$\frac{25}{100}=\frac{1}{4}$	$\frac{50}{100}=\frac{1}{2}$	$\frac{75}{100}=\frac{3}{4}$	$\frac{100}{100}=1$

9

Grafische Darstellung von Prozentangaben

Prozentangaben werden oft in Diagrammen veranschaulicht:

1. ***Kreisdiagramm***

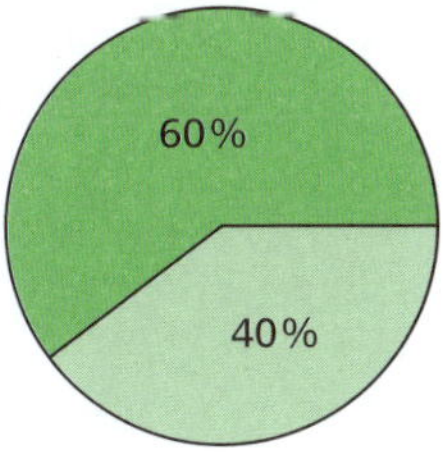

100 % entspricht der Vollwinkel 360°.

Damit: 100 % ↦ 360°

1 % ↦ 1 % von 360° $= 0{,}01 \cdot 360° = 3{,}6°$

40 % ↦ 40 % von 360° $= 0{,}4 \cdot 360° = 144°$

60 % ↦ 60 % von 360° $= 0{,}6 \cdot 360° = 216°$

2. Streifendiagramm

100 % entspricht die gesamte Streifenlänge (z. B. 8 cm).
Somit:

$100\,\% \mapsto 8\,\text{cm}$

$1\,\% \mapsto 1\,\%$ von $8\,\text{cm} = 0{,}01 \cdot 8\,\text{cm} = 0{,}08\,\text{cm} = 0{,}8\,\text{mm}$

$40\,\% \mapsto 40\,\%$ von $8\,\text{cm} = 0{,}4 \cdot 8\,\text{cm} = 3{,}2\,\text{cm} = 3\,\text{cm}\ 2\,\text{mm}$

$60\,\% \mapsto 60\,\%$ von $8\,\text{cm} = 0{,}6 \cdot 8\,\text{cm} = 4{,}8\,\text{cm} = 4\,\text{cm}\ 8\,\text{mm}$

9.2 Grundaufgaben der Prozentrechnung

Berechnung des Prozentwertes

Mit Formel	Mit Dreisatz
Mit Formel: $W = p\,\% \cdot G$ oder $W = \dfrac{p \cdot G}{100}$	Mit Dreisatz: $100\,\% \mapsto G$ $1\,\% \mapsto \dfrac{G}{100}$ $p\,\% \mapsto W = \dfrac{p \cdot G}{100}$

BEISPIEL

Ein Kleid kostet ursprünglich 240 €. Im Schlussverkauf ist es um 30 % billiger. Um wie viel € wird das Kleid billiger?

Gegeben: Grundwert $G = 240$ €, Prozentsatz $p = 30$
Gesucht: Prozentwert W

Lösung mit der Formel:

$W = 30\,\% \cdot 240\,€$
$\quad = 0{,}3 \cdot 240\,€ = 72\,€$

oder

$W = \dfrac{30 \cdot 240\,€}{100} = 72\,€$

Lösung mit Dreisatz:

$100\,\% \mapsto 240\,€$

$1\,\% \mapsto \dfrac{240\,€}{100}$

$30\,\% \mapsto \dfrac{30 \cdot 240\,€}{100} = 72\,€$

Antwort: Das Kleid wird 72 € billiger.

Berechnung des Prozentsatzes

Mit Formel: $p\,\% = \frac{W}{G}$ oder $p = 100 \cdot \frac{W}{G}$	Mit Dreisatz: $G \mapsto 100\,\%$ $1 \mapsto \frac{100}{G}\,\%$ $W \mapsto p\,\% = \frac{100 \cdot W}{G}\,\%$

BEISPIEL Die Einwohneranzahl eines Ortes ist von 4 800 auf 5 160 gestiegen. Wie viel Prozent beträgt die Zunahme?

Gegeben: Grundwert $G = 4\,800$
Prozentwert $W = 5\,160 - 4\,800 = 360$
Gesucht: Prozentsatz p

Lösung mit der Formel:

$$p\,\% = \frac{360}{4\,800} = 0{,}075 = 7{,}5\,\%$$

oder

$$p = 100 \cdot \frac{360}{4\,800} = 7{,}5$$

Lösung mit dem Dreisatz:

$$4\,800 \mapsto 100\,\%$$
$$1 \mapsto \frac{100}{4\,800}\,\%$$
$$360 \mapsto \frac{100 \cdot 360}{4\,800}\,\% = 7{,}5\,\%$$

Antwort: Die Zunahme beträgt 7,5 %.

Berechnung des Grundwertes

Mit Formel: $G = \frac{W}{p\%}$ oder $G = \frac{W \cdot 100}{p}$	Mit Dreisatz: $p\,\% \mapsto W$ $1\,\% \mapsto \frac{W}{p}$ $100\,\% \mapsto G = \frac{W \cdot 100}{p}$

BEISPIEL Im Räumungsverkauf wird ein Teppich um 40 % billiger verkauft. Der Händler sagt: „Der Preisnachlass beträgt 600 €." Wie viel kostete der Teppich vorher?

Gegeben: Prozentwert $W = 600$ €, Prozentsatz $p = 40$
Gesucht: Grundwert G

Lösung mit der Formel:

$$G = \frac{600\,€}{40\,\%} = \frac{600\,€}{0{,}40}$$
$$= 1\,500\,€$$

oder

$$G = \frac{600\,€ \cdot 100}{40} = 1500\,€$$

Lösung mit dem Dreisatz:

$$40\,\% \mapsto 600\,€$$
$$1\,\% \mapsto \frac{600€}{40}$$
$$100\,\% \mapsto G = \frac{600\,€ \cdot 100}{40}$$
$$= 1\,500\,€$$

Antwort: Der Teppich kostete vorher 1 500 €.

Promille

Für sehr kleine Anteile werden ***Promille*** (lat.: *promille*, bedeutet *für Tausend*) definiert:

$$1\,‰ = \frac{1}{1\,000} \quad \text{und allgemein:} \quad p\,‰ = \frac{p}{1\,000}.$$

Die Begriffe der Prozentrechnung werden sinngemäß übertragen.

BEISPIELE $5\,‰ = \frac{5}{1\,000}$; $20\,‰ = \frac{20}{1\,000} = \frac{2}{100} = 2\,\%$

9.3 Fachbegriffe der Zinsrechnung

Wenn man Geld auf einem Sparkonto hat oder sich Geld von der Bank leiht (Darlehen, Kredit), werden ***Zinsen*** berechnet. Die Höhe der Zinsen richtet sich nach drei Größen:

1. nach dem ***Kapital K:*** Das ist der Geldbetrag, der verzinst wird,
2. nach dem ***Zinssatz p:*** Er gibt an, wie viel Prozent des Kapitals die Zinsen pro Jahr betragen,
3. nach der ***Laufzeit t:*** Das ist die Ausleihzeit des Kapitals.

▶ **HINWEIS** Die Berechnung der Zinsen ist eine Anwendung der Prozentrechnung. Die Größen werden allerdings anders bezeichnet:

BEISPIEL

Prozentsatz p		Grundwert G		Prozentwert W
Zinssatz p		Kapital K		Jahreszinsen Z
5	% von	1 000 €	=	50 €

Die ***Jahreszinsen*** sind der Zinsbetrag, der nach einer Laufzeit von einem Jahr anfällt.
Aus der Formel für den Prozentwert wird dann:

Formel für Jahreszinsen: $Z = K \cdot \frac{p}{100} = \frac{K \cdot p}{100}$.

9.4 Grundaufgaben der Zinsrechnung

In der Zinsrechnung gibt es vier Grundaufgaben. Die jeweiligen Formeln zur Berechnung werden aus der Zinsformel abgeleitet.

Berechnung der Zinsen

Sollen die Zinsen für einen kürzeren oder längeren Zeitraum als ein Jahr berechnet werden, so wird die Laufzeit als Bruchteil eines Jahres angegeben. Dabei wird ein Zinsjahr mit 360 Zinstagen und ein Monat immer mit 30 Zinstagen gezählt. Ist die Laufzeit t Tage, so betragen die Zinsen für diese Laufzeit $\frac{t}{360}$ der Jahreszinsen.

Das ergibt die allgemeine ***Zinsformel*** (↗ S. 101):

Zinsen für t Tage: $Z = \frac{K \cdot p}{100} \cdot \frac{t}{360} = \frac{K \cdot p \cdot t}{100 \cdot 360}$

BEISPIEL

Für ein Auto wird ein Kredit über 5 000 € zu 6,5 % aufgenommen und nach 9 Monaten zurückbezahlt. Wie hoch sind für diesen Zeitraum die Zinsen?

Gegeben: Kapital $K = 5\,000$ €, Zinssatz $p = 6{,}5$
Laufzeit t in Tagen $= 9 \cdot 30 = 270$

Gesucht: Zinsen Z

Lösung: $Z = \dfrac{K \cdot p \cdot t}{100 \cdot 360} = \dfrac{5\,000\,€ \cdot 6{,}5 \cdot 270}{100 \cdot 360} = 243{,}75\,€$

Antwort: Die Zinsen betragen für diesen Kredit 243,75 €.

Berechnung des Kapitals

$$K = \frac{Z \cdot 100 \cdot 360}{p \cdot t}$$

BEISPIEL

Heinz hat für sein gespartes Geld bei einem Zinssatz von 5 % nach 8 Monaten 120 € Zinsen bekommen. Wie hoch war der Sparbetrag?

Gegeben: Zinsen $Z = 120$ €, Zinssatz $p = 5$
Laufzeit t in Tagen $= 8 \cdot 30 = 240$

Gesucht: Kapital K

Lösung: $K = \dfrac{Z \cdot 100 \cdot 360}{p \cdot t} = \dfrac{120\,€ \cdot 100 \cdot 360}{5 \cdot 240} = 3\,600\,€$

Antwort: Der Sparbetrag war 3 600 €.

Berechnung des Zinssatzes

$$p = \frac{Z \cdot 100 \cdot 360}{K \cdot t}$$

BEISPIEL

Zu welchem Zinssatz wurde ein Guthaben von 2 500 € verzinst, das nach 225 Tagen 62,50 € Zinsen erbrachte?

Gegeben: Kapital $K = 2\,500$ €, Zinsen $Z = 62{,}50$ €
Laufzeit t in Tagen: 225

Gesucht: Zinssatz p

Lösung: $p = \frac{Z \cdot 100 \cdot 360}{K \cdot t} = \frac{62{,}50\text{ €} \cdot 100 \cdot 360}{2\,500\text{ €} \cdot 225} = 4$

Antwort: Der Zinssatz betrug 4 %.

Berechnung der Laufzeit

$$t = \frac{Z \cdot 100 \cdot 360}{K \cdot p}$$

BEISPIEL

Ein Darlehen von 8 000 € wurde einschließlich Zinsen (Zinssatz 7,5 %) mit 8 300 € zurückgezahlt. Für welche Zeit war das Geld ausgeliehen worden.

Gegeben: Kapital $K = 8\,000$ €, Zinssatz $p = 7{,}5$
Zinsen $Z = 8\,300\text{ €} - 8\,000\text{ €} = 300$ €

Gesucht: Laufzeit t

Lösung: $t = \frac{Z \cdot 100 \cdot 360}{K \cdot p} = \frac{300\text{ €} \cdot 100 \cdot 360}{8\,000\text{ €} \cdot 7{,}5} = 180$

Antwort: Die Laufzeit betrug 180 (Zins-) Tage, das sind 6 Monate.

9

Zinseszinsen

Wird ein Geldbetrag für mehrere Jahre angelegt, so werden die Zinsen am Ende eines Jahres zum jeweiligen Kapital addiert und mit diesem im folgenden Jahr verzinst. Man spricht dann von ***Zinseszinsen.***

Bei einem Zinssatz p wird aus dem Anfangskapital K_0 nach 1 Jahr das Kapital

$$K_1 = K_0 + Z = K_0 + \frac{K_0 \cdot p}{100} = K_0\left(1 + \frac{p}{100}\right),$$

nach 2 Jahren das Kapital

$$K_2 = K_1 + Z = K_1 + \frac{K_1 \cdot p}{100} = K_1\left(1 + \frac{p}{100}\right) = K_0\left(1 + \frac{p}{100}\right)^2,$$

nach n Jahren das Kapital:

$$K_n = K_0\left(1 + \frac{p}{100}\right)^n.$$

BEISPIEL

Auf welchen Betrag wächst ein Anfangskapital von 10 000 € bei 5 %iger Verzinsung bis zum Ende des 8. Jahres?

Gegeben: Anfangskapital $K_0 = 10\,000$ €, Zinssatz $p = 5$, Laufzeit 8 Jahre: $n = 8$

Gesucht: Endkapital K_8

Lösung: $K_8 = K_0\left(1 + \frac{p}{100}\right)^8 = 10\,000\,€\left(1 + \frac{5}{100}\right)^8$

$= 10\,000\,€ \cdot 1{,}05^8 = 14\,774{,}55\,€$

Antwort: Nach 8 Jahren beträgt das Kapital 14 774,55 €.

Teste dein Wissen!

Kapitel „Prozent- und Zinsrechnung“	O. K. ✓	Das muss ich noch mal lesen
Ich kann den Begriff *Prozent* erklären.		S. 138
Ich kann Prozente, Brüche und Dezimalzahlen ineinander umwandeln.		S. 138
Ich kann die Begriffe *Grundwert, Prozentwert* und *Prozentsatz* erklären.		S. 139
Ich kann Prozentangaben in Diagrammen darstellen.		S. 139, 140
Ich kann den Zusammenhang zwischen den Begriffen *Grundwert, Prozentwert* und *Prozentsatz* beschreiben.		S. 139–142
Ich kann den Grundwert (bzw. den Prozentwert oder den Prozentsatz) berechnen, wenn die beiden anderen Größen gegeben sind.		S. 140–142
Ich kann die Begriffe *Kapital, Zinsen, Zinssatz* und *Laufzeit* erklären.		S. 142, 143
Ich kann mit der Zinsformel Zinsen, Startkapital, Zinssatz und Laufzeit berechen.		S. 143–145
Ich kann Zinseszinsen berechnen.		S. 146

10 Rechnen mit Größen

10.1 Sachgrößen

Angaben wie 4,35 €, 3 m 20 cm, 35 l oder 24 m^2 usw. nennt man ***Größen.*** €, m, cm, l, m^2 usw. nennt man ***(Maß-)Einheiten.*** Die Zahlen, die vor den Einheiten stehen, heißen ***Maßzahlen.***

Eine Größe kann in verschiedenen Einheiten angegeben werden. Beim Wechsel der Einheit ändert sich auch die Maßzahl.

BEISPIELE
- 3 m 20 cm = 320 cm = 3 200 mm
- 7,2555 l = 7,2555 dm^3 = 7 255,5 cm^3

Wird in eine *kleinere Einheit* umgerechnet (im Beispiel von m in mm bzw. von l in cm^3), so wird die Maßzahl größer. Bei Dezimalzahlen wird dabei das *Komma nach rechts* verschoben. Die Anzahl der Stellen, um die verschoben wird, richtet sich nach dem Umrechnungsfaktor für die Einheiten (↗ Tabellen S. 149–153).

BEISPIELE
- 4 cm^2 50 mm^2 = 4,50 cm^2 = 0,0450 dm^2 = 0,045 dm^2
- 34 500 g = 34,500 kg = 34,5 kg

Beim Umrechnen in eine *größere Einheit* (im Beispiel von cm^2 in dm^2 bzw. von g in kg) wird die Maßzahl kleiner. Hier wird bei Dezimalzahlen das *Komma nach links* verschoben.

Wenn nötig, werden beim Umwandeln bei Dezimalbrüchen Endnullen angehängt oder weggelassen.

10.2 Umwandeln von Einheiten

Umwandeln von Längen

Die Grundeinheit der ***Länge*** ist 1 Meter (1 m).
Weitere gebräuchliche Längeneinheiten sind: Kilometer (km), Dezimeter (dm), Zentimeter (cm), Millimeter (mm).

$$\begin{aligned}1\,\text{km} = 1\,000\,\text{m} &= 10\,000\,\text{dm} = 100\,000\,\text{cm} = 1\,000\,000\,\text{mm}\\ 1\,\text{m} &= 10\,\text{dm} = 100\,\text{cm} = 1\,000\,\text{mm}\\ 1\,\text{dm} &= 10\,\text{cm} = 100\,\text{mm}\\ 1\,\text{cm} &= 10\,\text{mm}\end{aligned}$$

$$\begin{aligned}1\,\text{mm} = 0{,}1\,\text{cm} &= 0{,}01\,\text{dm} = 0{,}001\,\text{m} = 0{,}000\,001\,\text{km}\\ 1\,\text{cm} &= 0{,}1\,\text{dm} = 0{,}01\,\text{m} = 0{,}00\,001\,\text{km}\\ 1\,\text{dm} &= 0{,}1\,\text{m} = 0{,}0\,001\,\text{km}\\ 1\,\text{m} &= 0{,}001\,\text{km}\end{aligned}$$

Die Umrechnungszahl von einer Längeneinheit zur nächsten ist (bis auf 1 km = 1 000 m) immer 10. Das Dezimalkomma wird also um eine Stelle verschoben.

BEISPIELE

- Wandle in benachbarte Einheiten um:
  47,63 m = 476,3 dm = 4 763 cm;
  56,7 cm = 5,67 dm = 0,567 m;
  683,45 km = 683,450 km = 683 450 m.
  Wenn nötig, werden bei Dezimalzahlen Endnullen angehängt oder weggelassen.
- Wandle in die kleinste vorkommende Einheit um:
  2 dm 3 cm 8 mm = 200 mm + 30 mm + 8 mm = 238 mm;
  4 km 351 m 6 dm = 40 000 dm + 3 510 dm + 6 dm
  = 43 516 dm.
- Wandle in gemischte Einheiten um:
  4 655 cm = 4 600 cm + 50 cm + 5 cm = 46 m 5 dm 5 cm.
- Wandle in die größte vorkommende Einheit um:
  6 dm 5 cm 5 mm = 6 dm + 0,5 dm + 0,05 dm = 6,55 dm;
  13 km 63 m = 13 km + 0,063 km
  = 13,063 km.

Umwandeln von Flächen

Die Grundeinheit für ***Flächen*** ist 1 Quadratmeter (1 m^2).
Weitere gebräuchliche Flächeneinheiten sind:
Quadratkilometer (km^2), Hektar (ha), Ar (a),
Quadratdezimeter (dm^2), Quadratzentimeter (cm^2),
Quadratmillimeter (mm^2).

$1\,km^2 = 100\,ha$
$1\,ha = 100\,a$
$1\,a = 100\,m^2$
$1\,m^2 = 100\,dm^2$
$1\,dm^2 = 100\,cm^2$
$1\,cm^2 = 100\,mm^2$

$1\,mm^2 = 0{,}01\,cm^2$
$1\,cm^2 = 0{,}01\,dm^2$
$1\,dm^2 = 0{,}01\,m^2$
$1\,m^2 = 0{,}01\,a$
$1\,a = 0{,}01\,ha$
$1\,ha = 0{,}01\,km^2$

Die Umrechnungszahl von einer Flächeneinheit zur nächsten ist immer 100. Das Komma wird um 2 Stellen verschoben.

BEISPIELE

- Wandle in benachbarte Einheiten um:
  $35\,802\,dm^2 = 358{,}02\,m^2 = 3{,}5802\,a$;
  $0{,}075\,km^2 = 7{,}5\,ha = 750\,a = 75\,000\,m^2$.
- Wandle in die kleinste vorkommende Einheit um:
  $3\,a\,6\,m^2\,4\,dm^2 = 30\,000\,dm^2 + 600\,dm^2 + 4\,dm^2 = 30\,604\,dm^2$;
  $42\,m^2\,5\,cm^2 = 420\,000\,cm^2 + 5\,cm^2 = 420\,005\,cm^2$.
- Wandle in gemischte Einheiten um:
  $92\,673\,m^2 = 90\,000\,m^2 + 2\,600\,m^2 + 73\,m^2 = 9\,ha\,26\,a\,73\,m^2$;
  $5{,}3005\,m^2 = 5\,m^2 + 0{,}3000\,m^2 + 0{,}0005\,m^2$
  $= 5m^2 + 30\,dm^2 + 5\,cm^2 = 5\,m^2\,30\,dm^2\,5\,cm^2$.
- Wandle in die größte vorkommende Einheit um:
  $3\,a\,4\,m^2\,58\,dm^2 = 3\,a + 0{,}04\,a + 0{,}0058\,a = 3{,}0458\,a$.

Umwandeln von Rauminhalten (Volumina)

Die Grundeinheit für den ***Rauminhalt (Volumen)*** ist 1 Kubikmeter (1 m^3). Weitere gebräuchliche Volumeneinheiten sind: Kubikkilometer (km^3), Kubikdezimeter (dm^3), Kubikzentimeter (cm^3), Kubikmillimeter (mm^3).

$1\,km^3 = 1\,000\,000\,000\,m^3 = 1\,000 \cdot 1\,000 \cdot 1\,000\,m^3$
$1\,m^3 = 1\,000\,dm^3$
$1\,dm^3 = 1\,000\,cm^3$
$1\,cm^3 = 1\,000\,mm^3$

$1\,mm^3 = 0{,}001\,cm^3$
$1\,cm^3 = 0{,}001\,dm^3$
$1\,dm^3 = 0{,}001\,m^3$
$1\,m^3 = 0{,}000\,000\,001\,km^3$

Die Umrechnungszahl von einer Volumeneinheit zur nächsten ist 1 000: Kommaverschiebung um 3 Stellen.
Ausnahme: $1\,km^3 = 1\,000\,000\,000\,m^3$
$= 1\,000 \cdot 1\,000 \cdot 1\,000\,m^3$

Das Volumen von Flüssigkeiten und Gefäßen wird oft in den Einheiten Liter (l), Hektoliter (hl) und Milliliter (ml) angegeben.
$1\,l = 1\,dm^3 = 1\,000\,ml$
$1\,hl = 100\,l$ und $1\,l = 0{,}01\,hl$
$1\,ml = 1\,cm^3$ und $1\,ml = 0{,}001\,l$

BEISPIELE

10

- Wandle in benachbarte Einheiten um:
  $346\,800\,cm^3 = 346{,}800\,dm^3 = 346{,}8\,dm^3 = 0{,}3468\,m^3$;
  $72\,000\,l = 720\,hl$.
- Wandle in die kleinste vorkommende Einheit um:
  $1\,m^3\,750\,dm^3 = 1\,000\,dm^3 + 750\,dm^3 = 1\,750\,dm^3$.
- Wandle in gemischte Einheiten um:
  $34\,005\,dm^3 = 34\,000\,dm^3 + 5\,dm^3 = 34\,m^3\,5\,dm^3$;
  $3\,807\,l = 38\,hl\,7\,l$.
- Wandle in die größte vorkommende Einheit um:
  $4\,m^3\,50\,dm^3 = 4\,m^3 + 0{,}050\,m^3 = 4{,}050\,m^3$.

Umwandeln von Massen

Statt ***Masse*** sagt man umgangssprachlich auch oft ***Gewicht***. Die Grundeinheit ist 1 Kilogramm (kg). Weitere Einheiten sind: Tonne (t), Gramm (g), Milligramm (mg).

1 t = 1 000 kg
1 kg = 1 000 g
1 g = 1 000 mg

1 mg = 0,001 g
1 g = 0,001 kg
1 kg = 0,001 t

Die Umrechnungszahl von einer Masseneinheit zur nächsten ist immer 1 000: Kommaverschiebung um 3 Stellen.

BEISPIELE

- Wandle in benachbarte Einheiten um:
  4,874 t = 4 874 kg = 4 874 000 g.
- Wandle in die kleinste vorkommende Einheit um:
  4 t 350 kg = 4 350 kg.
- Wandle in gemischte Einheiten um:
  50 500 kg = 50 000 kg + 500 kg = 50 t 500 kg.
- Wandle in die größte vorkommende Einheit um:
  35 t 270 kg = 35 t + 0,270 t = 35,270 t.

Umwandeln von Geldbeträgen

Grundeinheit für ***Geld:*** 1 Euro (1 €)
Untereinheit: 1 Cent
Umrechnung: 1 € = 100 Cent 1 Cent = 0,01 €

Die Umrechnungszahl ist 100. Das Dezimalkomma wird also um 2 Stellen verschoben.

BEISPIELE

- Rechne in Cent um: 347,50 € = 34 750 Cent.
- Gib in € an: 15 € 35 Cent = 15 € + 0,35 € = 15,35 €.

Umwandeln von Zeitangaben

Die Grundeinheit für die ***Zeit*** ist 1 Sekunde (1 s).
Weitere Einheiten sind:
Jahr (J), Tag (T), Stunde (h von lat.: hora, Stunde), Minute (min)

$1\,\text{J} = 365\,\text{T}$

$1\,\text{T} = 24\,\text{h}$

$1\,\text{h} = 60\,\text{min} = 3\,600\,\text{s}$

$1\,\text{min} = 60\,\text{s}$

$1\,\text{s} = \frac{1}{60}\,\text{min} = \frac{1}{3\,600}\,\text{h}$

$1\,\text{min} = \frac{1}{60}\,\text{h}$

$1\,\text{h} = \frac{1}{24}\,\text{T}$

$1\,\text{T} = \frac{1}{365}\,\text{J}$

Andere Bezeichnungen:
Jahr: statt J auch a (von lat.: annum)
Tag: statt T auch d (von lat.: dies)

FEHLERQUELLE! Zeitangaben bilden *kein* dezimales Einheitensystem! Es gibt verschiedene Umrechnungszahlen.

BEISPIELE

- Wandle in benachbarte Einheiten um:
  $35\,\text{min} = 35 \cdot 60\,\text{s} = 2\,100\,\text{s}$;
  $144\,\text{h} = (144 : 24)\,\text{T} = 6\,\text{T}$
- Wandle in die kleinste vorkommende Einheit um:
  $4\,\text{h}\ 5\,\text{min} = 4 \cdot 60\,\text{min} + 5\,\text{min} = 240\,\text{min} + 5\,\text{min} = 245\,\text{min}$
- Wandle in gemischte Einheiten um:
  $320\,\text{min} = 300\,\text{min} + 20\,\text{min} = 5\,\text{h}\ 20\,\text{min}$

10.3 Summen und Differenzen von Größen

Es können nur ***gleichartige Größen*** addiert bzw. subtrahiert werden. Summen oder Differenzen aus verschiedenartigen Größen wie 7 kg + 6 m oder 5 € – 3 h ergeben keinen Sinn.

BEISPIELE

55 cm + 75 cm = 130 cm;   7 € – 5 € = 2 €

Zum Addieren bzw. Subtrahieren müssen die Größen in der *gleichen Einheit* vorliegen. Sie müssen also eventuell erst umgewandelt werden. Dann werden jeweils die Maßzahlen addiert bzw. subtrahiert und mit der gemeinsamen Einheit versehen.

BEISPIELE

- 5 m + 34 cm = 500 cm + 34 cm = 534 cm
- 7 t – 4 365 kg = 7 000 kg – 4 365 kg = 2 635 kg

Sind die Größen in ***gemischten Einheiten*** angegeben, kann man eine solche Summe bzw. Differenz auf zwei Arten berechnen. Beide Rechenwege führen zum selben Ergebnis.

> ***1. Methode:*** Wandle zuerst in die gleiche Einheit um und addiere bzw. subtrahiere dann.

BEISPIELE

- 3 m 86 cm + 4 m 37 cm = 386 cm + 437 cm = 823 cm
  = 8 m 23 cm
- 6 h 12 min – 4 h 5 min = 372 min – 245 min = 127 min
  = 2 h 7 min

Bei dieser Methode muss man sicher umwandeln können. Dabei erhält man relativ große Zahlen zum Rechnen.

> ***2. Methode:*** Addiere bzw. subtrahiere die einzelnen Teile mit der jeweils gleichen Einheit gesondert. Wandle am Ende noch in die übliche Schreibweise mit gemischten Einheiten um.

BEISPIELE

- 3 m 86 cm + 4 m 37 cm = (3 m + 4 m) + (86 cm + 37 cm)
  = 7 m + 123 cm = 7 m + 1 m 23 cm = 8 m 23 cm

  Wer hier sicher rechnet, kann kürzer so schreiben:
  3 m 86 cm + 4 m 37 cm = 7 m 123 cm = 8 m 23 cm.

- 6 h 12 min – 4 h 5 min = 2 h 7 min

Bei der zweiten Methode spart man sich das Umrechnen in eine kleinere Einheit. Deswegen kann man oft mit relativ kleinen Zahlen leicht im Kopf rechnen. Dafür muss man am Ende manchmal noch umwandeln.

BEACHTE Manchmal ist bei Subtraktionsaufgaben ein Bestandteil des Subtrahenden (das ist die Größe nach dem Minuszeichen) größer als der entsprechende Teil des Minuenden (Größe vor dem Minuszeichen): 7 h 3 min – 4 h 48 min = …
3 min ist weniger als 48 min, man kann also nicht direkt subtrahieren. Als Ausweg wird eine der 7 Stunden in Minuten umgewandelt und zu den 3 Minuten addiert. Damit erhält man:
7 h 3 min = 6 h 63 min. Dann kann so gerechnet werden:
7 h 3 min – 4 h 48 min = 6 h 63 min – 4 h 48 min = 2 h 15 min.

10.4 Produkte und Quotienten von Größen

Aufgabe: Robert kauft sich 6 Bücher zu je 12 €. Wie viel muss er insgesamt bezahlen?
Rechnung: 12 € · 6 = 72 €
Antwort: Er muss 72 € bezahlen.

Multipliziert man eine Größe mit einer Zahl, so ist das Ergebnis eine Größe der gleichen Art.
Kurz: ***Größe · Zahl = Größe.***

Bei gemischten Einheiten kann man ein Produkt aus einer Größe und einer Zahl auf zwei Arten berechnen:

> ***1. Methode:*** Multipliziere die einzelnen Teile der Größe mit der Zahl gesondert. Am Ende wandle noch in die übliche Schreibweise mit gemischten Einheiten um.

BEISPIEL

2 € 75 Cent · 5 = 2 € · 5 + 75 Cent · 5
= 10 € + 375 Cent = 10 € + 3 € 75 Cent = 13 € 75 Cent

Wer sicher rechnet, kann kürzer so schreiben:
2 € 75 Cent · 5 = 10 € + 375 Cent = 13 € 75 Cent.

> ***2. Methode:*** Wandle die Größe zuerst in die kleinste vorkommende Einheit um und multipliziere dann. Schreibe das Ergebnis wieder in gemischten Einheiten.

BEISPIEL

2 € 75 Cent · 5 = 275 Cent · 5 = 1 375 Cent = 13 € 75 Cent

Vergleich der beiden Rechenwege:
Beim *ersten Weg* rechnet man mit kleineren Zahlen. Am Ende kann noch in gemischte Einheiten umgewandelt werden.
Der Vorteil: Wer beim Kopfrechnen gut ist, kommt auf diesem Weg häufig schneller voran.

Beim *zweiten Weg* muss man sicher umwandeln können. Dabei erhält man oft relativ große Zahlen zum Rechnen. Der Vorteil: Man muss nur einmal multiplizieren.

Teilung

Aufgabe: 4 Freunde haben in einer Lotterie 260 € gewonnen. Wie viel erhält jeder von ihnen?
Rechnung: 260 € : 4 = 65 €
Antwort: Jeder Einzelne erhält 65 €.

> Dividiert man eine Größe durch eine Zahl, so ist das Ergebnis eine Größe der gleichen Art.
> Kurz: ***Größe : Zahl = Größe.***

▶ **HINWEIS** Eine solche Rechnung nennt man auch ***Teilung.*** Die Größe wird in mehrere Portionen aufgeteilt.
Ist die Größe dabei in gemischten Einheiten angegeben, so wird zuerst in die kleinste vorkommende Einheit umgewandelt und dann dividiert. Das Ergebnis kann wieder in gemischten Einheiten angegeben werden.

BEISPIELE

- 12 km 96 m : 48 = 12 096 m : 48 = 252 m
- 4 h 54 min: 14 = 294 min : 14 = 21 min

BEACHTE Damit die Division aufgeht, ist es manchmal nötig, in noch kleinere Einheiten umzuwandeln:

- 9 m 5 dm : 25 = 95 dm : 25 = 950 cm : 25 = 38 cm
- Teilt der Divisor alle einzelnen Teile der Größe, kann man auch einzeln dividieren:
  48 kg 200 g : 4 = 48 kg : 4 + 200 g · 4 = 12 kg 50 g.

Messung

Aufgabe: Ein LKW darf mit 6 500 kg beladen werden. Wie viele Kisten zu je 130 kg können aufgeladen werden?
Rechnung: 6 500 kg : 130 kg = 50
Antwort: Es können 50 Kisten aufgeladen werden.

> Dividiert man eine Größe durch eine Größe der gleichen Art, so ist das Ergebnis eine Zahl.
> Kurz: ***Größe : Größe = Zahl.***

▶ **HINWEIS** Eine solche Rechnung nennt man *Messung.* Hier wird ausgemessen, wie oft die eine Größe in der anderen enthalten ist.

Häufig müssen die beiden gleichartigen Größen zuerst in die gleiche Einheit umgewandelt werden. Erst dann kann dividiert werden.

BEISPIELE

- 3 m 50 cm : 14 cm = 350 cm : 14 cm = 25
- 1 h 10 min : 5 min = 70 min : 5 min = 14
- 21 m^2 12 dm^2 : 8 dm^2 25 cm^2 = 211 200 cm^2 : 825 cm^2 = 256
- 1 km 288 m : 18 m 4 dm = 12 880 dm : 184 dm = 70

BEACHTE Bei der Multiplikation und der Division ***verschiedenartiger Größen*** ist das Ergebnis eine *neue* Größe.

BEISPIEL

Wegstrecke *s*	:	Zeit *t*	=	Geschwindigkeit *v*
60 km	:	2 h	=	30 km/h

10.5 Sachaufgaben

Bei Sachaufgaben muss vor dem Rechnen der Text bzw. die Fragestellung in einen mathematischen ***Ansatz*** übertragen werden. Bei der Übertragung helfen folgende Überlegungen:

- Lies den Text genau. Stelle dir die beschriebene Situation möglichst genau vor.
- Zeichne gegebenenfalls zur Veranschaulichung eine Skizze.
- Suche für die vorkommenden Größen passende Begriffe.
- Schreibe die gegebenen Größen heraus.
- Überlege genau, was gesucht ist. Bezeichne die gesuchte Größe mit einem passenden Begriff.
- Überlege, wie die gegebenen und die gesuchten Größen zusammenhängen. Gibt es eine Berechnungsformel?
- Überprüfe deinen Ansatz, ob er auch sinnvoll ist.

- Mache nach der Rechnung die Probe.
- Überprüfe auch, ob dein Ergebnis zur Aufgabenstellung passt und nach deiner Erfahrung stimmen kann.
- Schreibe einen Antwortsatz.

Die zwei folgenden Beispielaufgaben zeigen, wie Sachaufgaben systematisch gelöst werden können. Vieles kann dabei im Kopf gerechnet werden; hier ist alles aufgeschrieben, damit alle Überlegungen nachvollzogen werden können.

BEISPIEL 1

Ein Lieferwagen darf mit 1 t 500 kg beladen werden. Im Wagen befinden sich schon 15 Säcke Kartoffeln zu je 50 kg und 30 Kisten mit Gemüse zu je 15 kg. Wie viele Säcke Zwiebeln zu je 20 kg können noch zugeladen werden?

Gegeben:	Gesamtgewicht:	1 t 500 kg
	Gewicht der Kartoffeln:	$15 \cdot 50$ kg
	Gewicht der Gemüsekisten:	$30 \cdot 15$ kg
	Gewicht eines Zwiebelsacks:	20 kg
Gesucht:	Anzahl der Zwiebelsäcke	

Lösung: Zunächst in einzelnen Schritten:
Wie viel wurde bereits aufgeladen?
$15 \cdot 50\,\text{kg} + 30 \cdot 15\,\text{kg} = 750\,\text{kg} + 450\,\text{kg} = 1\,200\,\text{kg}$

Wie viel kann noch zugeladen werden? Dazu wird von der maximalen Zuladung das gesamte Gewicht der bereits aufgeladenen Säcke und Kisten subtrahiert: 10
$1\,\text{t}\;500\,\text{kg} - 1\,200\,\text{kg} = 1\,500\,\text{kg} - 1\,200\,\text{kg} = 300\,\text{kg}$.
Wie viele Zwiebelsäcke ergeben 300 kg?
$300\,\text{kg} : 20\,\text{kg} = 15$

Antwort: Man kann noch 15 Zwiebelsäcke aufladen.

Ansatz für einen ***Gesamtterm:***
$[1\,\text{t}\;500\,\text{kg} - (15 \cdot 50\,\text{kg} + 30 \cdot 15\,\text{kg})] : 20\,\text{kg}$
$= [1\,\text{t}\;500\,\text{kg} - (750\,\text{kg} + 450\,\text{kg})] : 20\,\text{kg}$
$= [1\,\text{t}\;500\,\text{kg} - 1\,200\,\text{kg}] : 20\,\text{k} = 300\,\text{kg} : 20\,\text{kg} = 15$.

BEISPIEL 2

Ein 2 m langer, 1 m breiter und 50 cm hoher quaderförmiger Behälter ist ganz mit Wasser gefüllt. Das Wasser soll in Fässer mit je 150 l Fassungsvermögen umgefüllt werden. Wie viele Fässer werden benötigt?

Skizze:

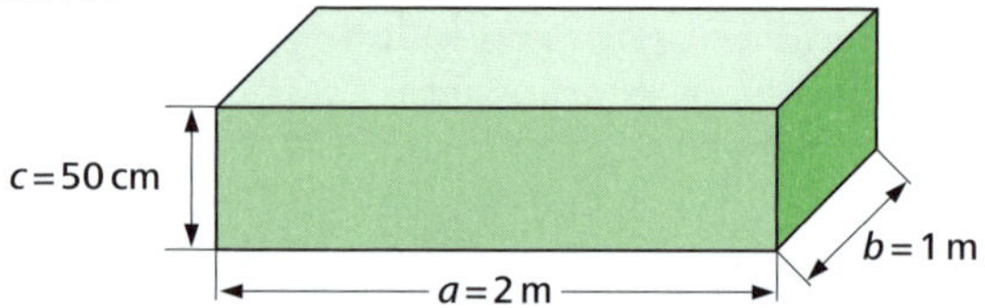

Überlegung:
Da der Behälter ganz voll ist, gilt:
$V_{\text{Wasser}} = V_{\text{Behälter}} = a \cdot b \cdot c$ (Volumenformel für den Quader).
Damit berechnet man die Wassermenge:
$V = a \cdot b \cdot c = 2\,\text{m} \cdot 1\,\text{m} \cdot 50\,\text{cm} = 200 \cdot 100 \cdot 50\,\text{cm}^3$
$= 1\,000\,000\,\text{cm}^3 = 1\,000\,\text{dm}^3 = 1\,000\,\text{l}$
Im Behälter sind also 1 000 l Wasser.

Um die Anzahl der Fässer zu bestimmen, wird die Wassermenge noch durch das Fassungsvermögen eines Fasses dividiert:
1 000 l : 150 l = 6 Rest 100 l
Es werden also 6 Fässer ganz voll und für den Rest von 100 l wird noch ein zusätzliches Fass benötigt.

Antwort: Es werden insgesamt 7 Fässer benötigt.

Ansatz für einen Gesamtterm:
(2 m · 1 m · 50 cm) : 150 l = 6 Rest 100 l

Teste dein Wissen!

Kapitel „Rechnen mit Größen“	O. K. ✓	Das muss ich noch mal lesen
Ich kann die Begriffe *Größe, Maßzahl* und *Einheit* erklären.		S. 148
Ich kann Längeneinheiten umwandeln.		S. 149
Ich kann Flächeneinheiten umwandeln.		S. 150
Ich kann Volumeneinheiten umwandeln.		S. 151
Ich kann Masseneinheiten umwandeln.		S. 152
Ich kann Zeitangaben umwandeln.		S. 153
Ich kann Größen addieren und subtrahieren.		S. 154, 155
Ich kann Größen multiplizieren und dividieren.		S. 155–158
Ich kann Lösungsstrategien bei Sachaufgaben anwenden.		S. 158, 159
Ich kann Sachaufgaben lösen.		S. 159, 160

11 Grundbegriffe der Statistik

11.1 Beschreibende Statistik

Die Erhebung und Darstellung von Daten in Tabellen, Diagrammen oder Kenngrößen ist Aufgabe der beschreibenden Statistik.

Merkmale und ihre Darstellung

Bei statistischen Erhebungen werden bestimmte Eigenschaften oder Größen ***(Merkmale)*** erfasst, die bei allen interessierenden Objekten (den Merkmalsträger) vorhanden sind. Ein Merkmal tritt in bestimmten Merkmalsausprägungen auf.

BEISPIELE

Merkmalsträger	Merkmal	Merkmalsausprägungen
Person	Geschlecht	w, m
Fahrzeug	Baujahr	Jahreszahl
Person	Einstellung zu einer Aussage	lehne ab; unentschieden; stimme zu

Werden die Merkmalsausprägungen eines Merkmals so notiert, wie sie sich bei der statistischen Erhebung nacheinander ergeben, dann nennt man das Ergebnis eine ***Urliste.***

BEISPIEL

Alter der Teilnehmer eines Skikurses (in Jahren)

Urliste: 17, 17, 19, 18, 17, 18, 19, 18, 18, 17, 20, 18, 17, 19, 17, 16, 19, 18, 18, 18.

Das Merkmal „Alter in Jahren" tritt hier in den 5 Merkmalsausprägungen 16, 17, 18, 19 und 20 auf.

Die einfachste Aufbereitung der durch die Urliste gegebenen Stichprobenwerte ist die Strichliste.

BEISPIEL

Altersverteilung des Skikurses

Alter	16	17	18	19	20
	I	𝍸 I	𝍸 III	IIII	I

Die Merkmalsausprägung 17 kommt in der Urliste mit 20 Werten 6-mal vor. Man sagt: 17 hat die ***absolute Häufigkeit*** 6. Teilt man die absoluten Häufigkeiten jeweils durch die Gesamtzahl, so erhält man die ***relativen Häufigkeiten*** der Merkmalsausprägungen. Die werden oft in Prozent angegeben. Bei Merkmalen, deren Merkmalsausprägungen sich in eine Rangfolge bringen lassen, kann man auch ***Summenhäufigkeiten*** bilden. Eine Tabelle, in der den Merkmalsausprägungen ihre Häufigkeiten zugeordnet werden, heißt ***Häufigkeitstabelle.***

BEISPIEL

Häufigkeitstabelle für den Skikurs

Alter	absolute Häufigkeit	absolute Summenhäufigkeit	relative Häufigkeit	relative-Summenhäufigkeit
16	1	**1**	5 %	**5 %**
17	6	1 + 6 = **7**	30 %	**35 %**
18	8	7 + 8 = **15**	40 %	**75 %**
19	4	15 + 4 = **19**	20 %	**95 %**
20	1	19 + 1 = **20**	5 %	**100 %**

Damit die Ergebnisse einer statistischen Untersuchung visuell schneller erfasst werden können und auch einprägsamer werden, überträgt man Tabellen in grafische Darstellungen.

Die Art des Diagramms wird je nach Darstellungszweck gewählt, z. B. Stabdiagramm, Piktogramm, Rechteckdiagramm, Kreisdiagramm, Kurvendiagramm.

BEISPIEL

Altersverteilung im Skikurs

Kreisdiagramm:

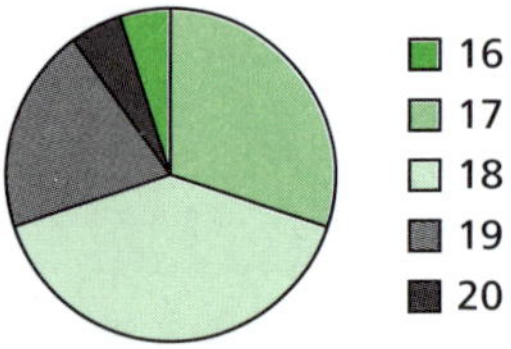

Stabdiagramm:

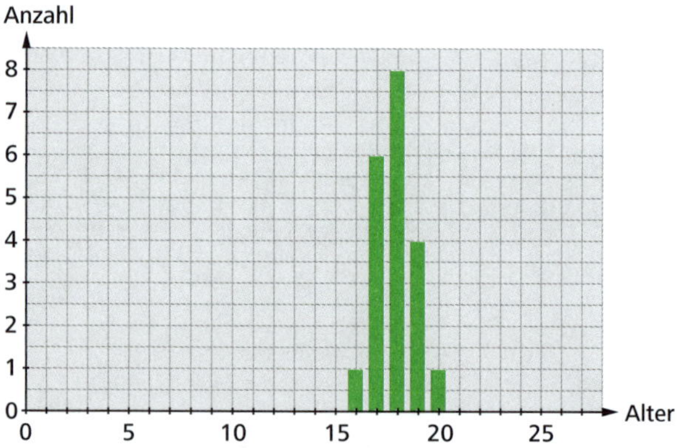

Veränderungen von Häufigkeiten im Lauf der Zeit werden durch Kurvendiagramme dargestellt.

BEISPIEL

Entwicklung der Weltbevölkerung

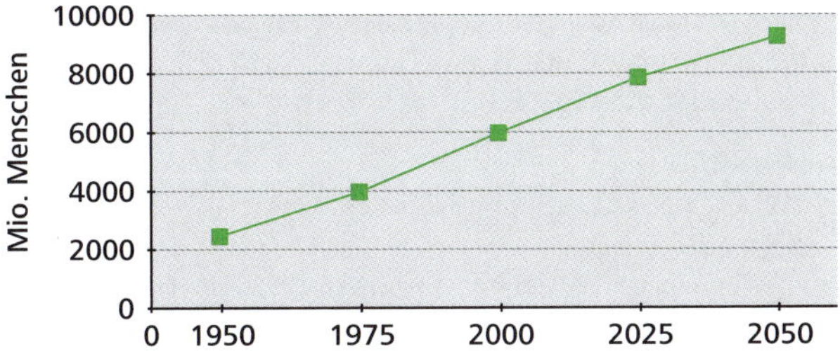

(Quelle: Vereinte Nationen, 2007)

Statistische Kennwerte

Während Tabellen und grafische Darstellungen über die gesamte Verteilung eines oder mehrerer Merkmale ausführlich informieren, haben die statistischen Kennwerte die Funktion, mit einem „repräsentativen" Wert über die Merkmalsausprägungen Auskunft zu geben.

Das ***arithmetische Mittel*** (der ***Durchschnitt*** oder ***Mittelwert***) $\overline{x}$ von n Werten $x_1, \ldots, x_n$ ist

$\overline{x} = (x_1 + x_2 + \ldots x_n) : n.$

Sind $x_1, \ldots, x_n$ Werte mit dem arithmetischen Mittel $\overline{x}$, so ist die ***Varianz (Streuung)*** von $x_1, \ldots, x_n$ die Zahl

$\overline{s}^2 = [(x_1 - \overline{x})^2 + \ldots + (x_n - \overline{x})^2] : n.$

Die Quadratwurzel der Varianz heißt ***Standardabweichung*** $\overline{s}$.

11.2 Wahrscheinlichkeitsrechnung

Zufallsexperimente

Vorgänge, die unter stets gleichen Bedingungen beliebig oft wiederholbar sind und deren Ergebnisse nicht voraussagbar sind, heißen Zufallsexperimente. Die einmalige Ausführung eines *Zufallsexperiments* nennt man einen Versuch. Jedem Versuchsausgang lässt sich ein Ergebnis zuordnen.

BEISPIELE

- Werfen einer Münze und Notieren der sichtbaren Seite (z. B. Kopf oder Zahl)
- Werfen zweier Würfel und Ermitteln der Augensumme

Erhöht man die Zahl der Versuche, so stabilisiert sich die relative Häufigkeit eines Ergebnisses um einen bestimmten Wert. Das nennt man das ***empirische Gesetz der großen Zahlen.*** Diesen Wert nennt man die ***Wahrscheinlichkeit*** des Ergebnisses. Diese wird oft in Prozent angegeben.

BEISPIELE

- Die Wahrscheinlichkeit für das Ergebnis „Zahl" beim Werfen einer Münze ist 50 %.
- Die Wahrscheinlichkeit für das Ergebnis „6" beim Werfen eines Würfels ist $\frac{1}{6}$.

Besonders einfach zu beschreibende Zufallsexperimente sind sogenannte ***Laplace-Experimente.*** Bei diesen Experimenten sind alle Ergebnisse gleich wahrscheinlich.

Für die Wahrscheinlichkeit $P(A)$ für den Ausgang A eines Laplace-Experiments gilt:

$$P(A) = \frac{\text{Anzahl der für } A \text{ günstigen Ergebnisse}}{\text{Anzahl aller möglichen Ergebnisse}}$$

BEISPIEL

Werfen zweier Würfel. Betrachteter Ausgang „Pasch", d. h., die beiden Würfel zeigen die gleiche Augenzahl.
Es gibt unter den 36 möglichen Ergebnissen sechs günstige.

Die Wahrscheinlichkeit für „Pasch" ist:

$$P(A) = \frac{6}{36} = \frac{1}{6} \approx 17\,\%.$$

Baumdiagramm und Zählprinzip

Setzt sich ein Zufallsexperiment aus mehreren einfachen Zufallsexperimenten zusammen, die in einer bestimmten Reihenfolge ablaufen, so nennt man es ***mehrstufiges Zufallsexperiment.***
Zur Darstellung mehrstufiger Zufallsexperimente verwendet man häufig ***Baumdiagramme.*** Der Weg vom Start bis zu einem Endpunkt im Baumdiagramm heißt ***Pfad.***

BEISPIEL

Aus einer Urne mit 8 Kugeln, die sich nur in der Farbe unterscheiden (2 blaue, 2 rote, 4 schwarze), werden nacheinander zwei Kugeln gezogen.
Jede Kugel wird nach dem Ziehen und Notieren ihrer Farbe in die Urne zurückgelegt und unter die anderen Kugeln gemischt. Damit ist der Inhalt der Urne bei jeder Ziehung gleich.
Baumdiagramm:

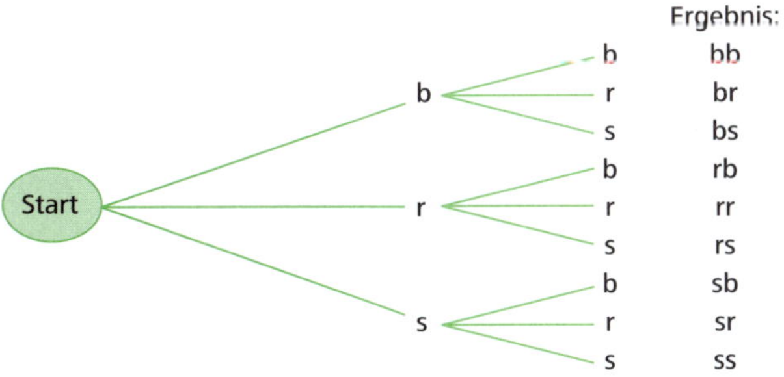

Die Anzahl aller möglichen Ergebnisse eines mehrstufigen Zufallsexperiments kann sehr umfangreich sein.

BEISPIEL

Zahl der vierstelligen Zahlen mit vier verschiedenen Ziffern
An der 1. Stelle steht eine der Ziffern 1 bis 9.
An der 2. Stelle steht eine der Ziffern 0 bis 9, jedoch nicht die Ziffer der 1. Stelle.
An der 3. Stelle steht eine der Ziffern 0 bis 9, jedoch nicht die Ziffern der 1. und 2. Stelle.
An der 4. Stelle steht eine der Ziffern 0 bis 9, jedoch nicht die Ziffern der 1., 2. und 3. Stelle.
Die Anzahl aller vierstelligen Zahlen mit vier verschiedenen Ziffern ist also $9 \cdot 9 \cdot 8 \cdot 7 = 4\,536$.

Die Anzahl aller Möglichkeiten erhält man, indem man die Anzahl der Möglichkeiten auf jeder Stufe miteinander multipliziert ***(Zählprinzip)***.

Teste dein Wissen!

Kapitel „Grundbegriffe der Statistik“	O. K. ✓	Das muss ich noch mal lesen
Ich kann die Begriffe *Merkmal, Merkmalsträger* und *Merkmalsausprägung* erklären.		S. 162
Ich kann zu Erhebungen Listen und Tabellen erstellen.		S. 162, 163
Ich kann absolute und relative Häufigkeiten ermitteln.		S. 163
Ich kann zu Tabellen Diagramme zeichnen.		S. 164, 165
Ich kann die Begriffe *arithmetisches Mittel, Varianz* und *Standardabweichung* erklären.		S. 165
Ich kann das empirische Gesetz der großen Zahlen erläutern.		S. 166
Ich kann die Begriffe *Zufallsexperiment* und *Wahrscheinlichkeit* erklären.		S. 166
Ich kann den Begriff *Laplace-Experimente* erklären.		S. 166
Ich kann zu LAPLACE-Experimenten Wahrscheinlichkeiten berechnen.		S. 166, 167
Ich kann zu mehrstufigen Zufallsexperimenten Baumdiagramme zeichnen und die Ergebnisse ermitteln.		S. 167, 168
Ich kann das Zählprinzip anwenden.		S. 168

Stichwortverzeichnis